しずおか地酒手習帳

杯が満ちるまで

しずおか地酒研究会主宰
鈴木真弓

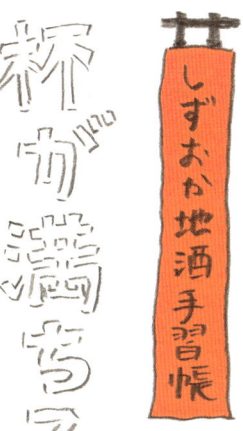

はじめに

「しずおか地酒サロンに参加した帰りに、日本酒をお土産に買って帰りました。その日、家には母と祖母がいて、2人が日本酒を喜んで飲んでくれたのはもちろん嬉しかったのですが、それ以上に、3代そろって地酒の味や香りを同じように味わい、楽しく過ごしていることに、大きな幸福を感じました」

このメッセージは、私が主宰するしずおか地酒研究会の定例サロンに参加した、大学を卒業したばかりの20代の女性が、終了後に寄せてくれたものだ。さりげない家族の団欒に幸福感を与えたのが地酒だった…なんともいえず、私までじんわり幸福感に包まれた。

静岡で生まれ育ち、地元密着でライターをしている私にとって、静岡の酒は故郷の魅力を再発見させてくれる最良の教科書だ。平成元年頃から酒蔵を取材するようになって四半世紀が過ぎ、気がつけば教科書は収めきれない量になっていた。

平成8年（1996）にしずおか地酒研究会を結成し、10年（1998）には会員情報を集めたガイド本『地酒をもう一杯』を静岡新聞社から発行。平成20年（2008）からは『吟醸王国しずおか』というタイトルのドキュメンタリー映画を制作中。これまでに短編パイロット版2本、テレビ版『しずおか吟醸物語』（SBS静岡放送）として映像の一部を発表した。

本書は地酒のことを初めて知る人も、よく知っている人も気軽に手に取っていただけるよう、まず壱之杯（第1章）で酒との最初の出会いの場となる飲食店の魅力を、弐之杯（第2章）で静岡の酒のコンシェルジュとして信頼できる酒販店の情報をまとめた。

参之杯（第3章）ではこれまでの取材経験や、個人ブログ『杯が乾くまで』の記事をベースに、酒の造り手について、より深く理解していただくためのストーリーをご用意した。

各杯をお試しいただき、美味しい地酒を育むジモト静岡がトコトン愛しくなる…そんなインセンティブをお届けできたらと願っている。

鈴木　真弓

目次

日本酒の酒造年度(Brewery Year)は7月から翌6月まで。米の収穫を起点とし、酒米が入荷する秋口から仕込みが始まる。富士山や南アルプスの雪解け水が豊富に湧き出る静岡県の酒蔵では、ゴマ粒ほどに精米された酒米をよく洗い、和釜で蒸し、冬の朝の冷気に晒す。低温管理が必要な大吟醸は、寒さの厳しい時期に仕込まれる。
◇撮影地/「喜久酔」契約松下圃場(藤枝)、國香酒造(袋井)、富士錦酒造(富士宮)、初亀醸造(藤枝)、「葵天下」山中酒造(掛川)

酒造りは一麹、二酛、三造りといわれる。麹は蒸し上がった酒米を室温30℃以上の麹室で広げて種もやし（麹菌）を振り、繁殖させる。大吟醸の麹は手作業で70時間以上かかる。酛（もと）は小さな桶やタンクで酵母を健全に発酵させる培地。酒母ともいう。手作業の多い麹造りや酛造りで、杜氏の職人としての技量が発揮される。
◇撮影地／磯自慢酒造（焼津）、「小夜衣」森本酒造（菊川）、「開運」土井酒造場（掛川）、志太泉酒造（藤枝）、「杉錦」杉井酒造（藤枝）、萩錦酒造（静岡）

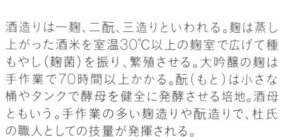

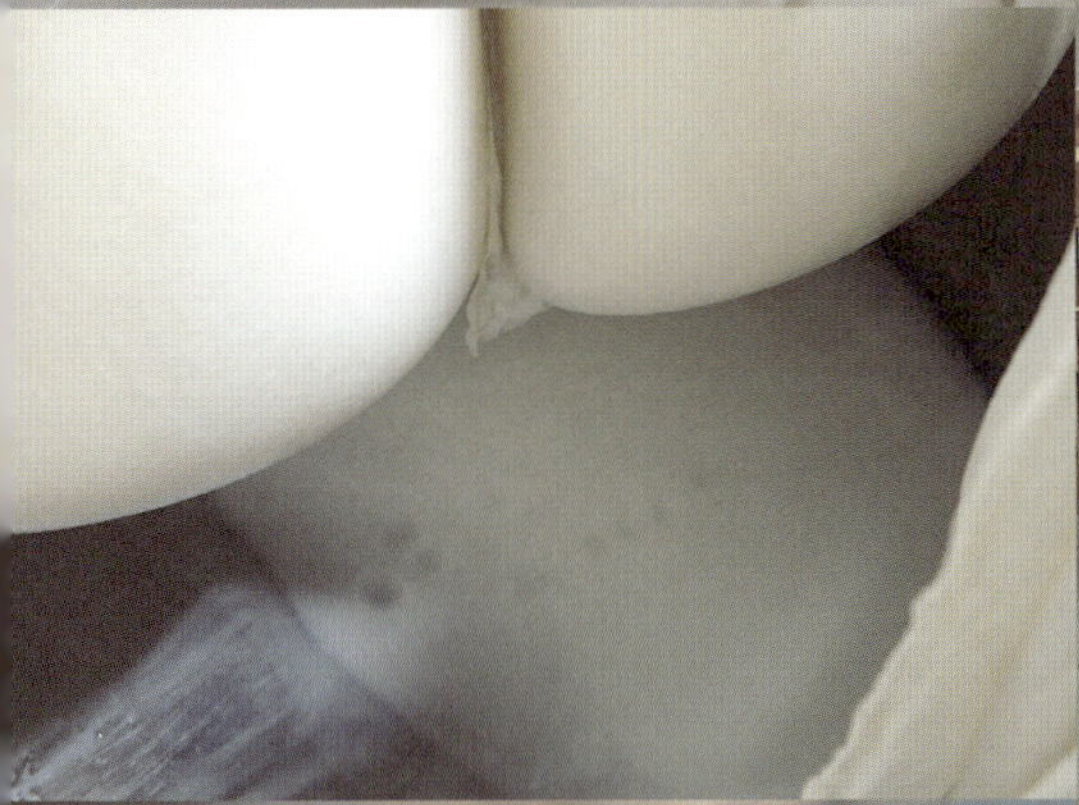

最初の洗米作業から約1ヵ月半で上槽(じょうそう＝搾り)。オール機械で搾る「機械搾り」、もろみを酒袋に詰め、槽(ふね)と呼ばれる箱に積み重ねて上から圧力をかける「槽搾り」、酒袋を吊るして酒を自然に垂れ落とす「袋搾り」など、目指す酒質に合わせて搾り方も変える。鑑評会出品用の酒はタンクごとに斗瓶に詰めておく。

◇撮影地／磯自慢酒造(焼津)、「正雪」神沢川酒造場(由比)、英君酒造(由比)、富士高砂酒造(富士宮)

◇磯自慢杜氏　多田信男さん

春。各地の祭りで新酒がふるまわれる。若竹(島田)では立春の朝搾りの酒を取引先酒販店がラベルを貼って大井神社に奉納。3月の富士錦(富士宮)蔵開放には1万人以上の酔客が押し寄せる。4月の遠州横須賀三熊野神社大祭や5月の浜松まつり等でも地酒は欠かせない存在だ。

蔵では約半年にわたり一日も休みなく続いた酒造りのゴールが近づき、蔵人衆にも安堵の表情。鑑評会や試飲会での評価を待つ杜氏には新たな緊張感がみなぎる。

◇喜久酔蔵元杜氏　青島孝さん

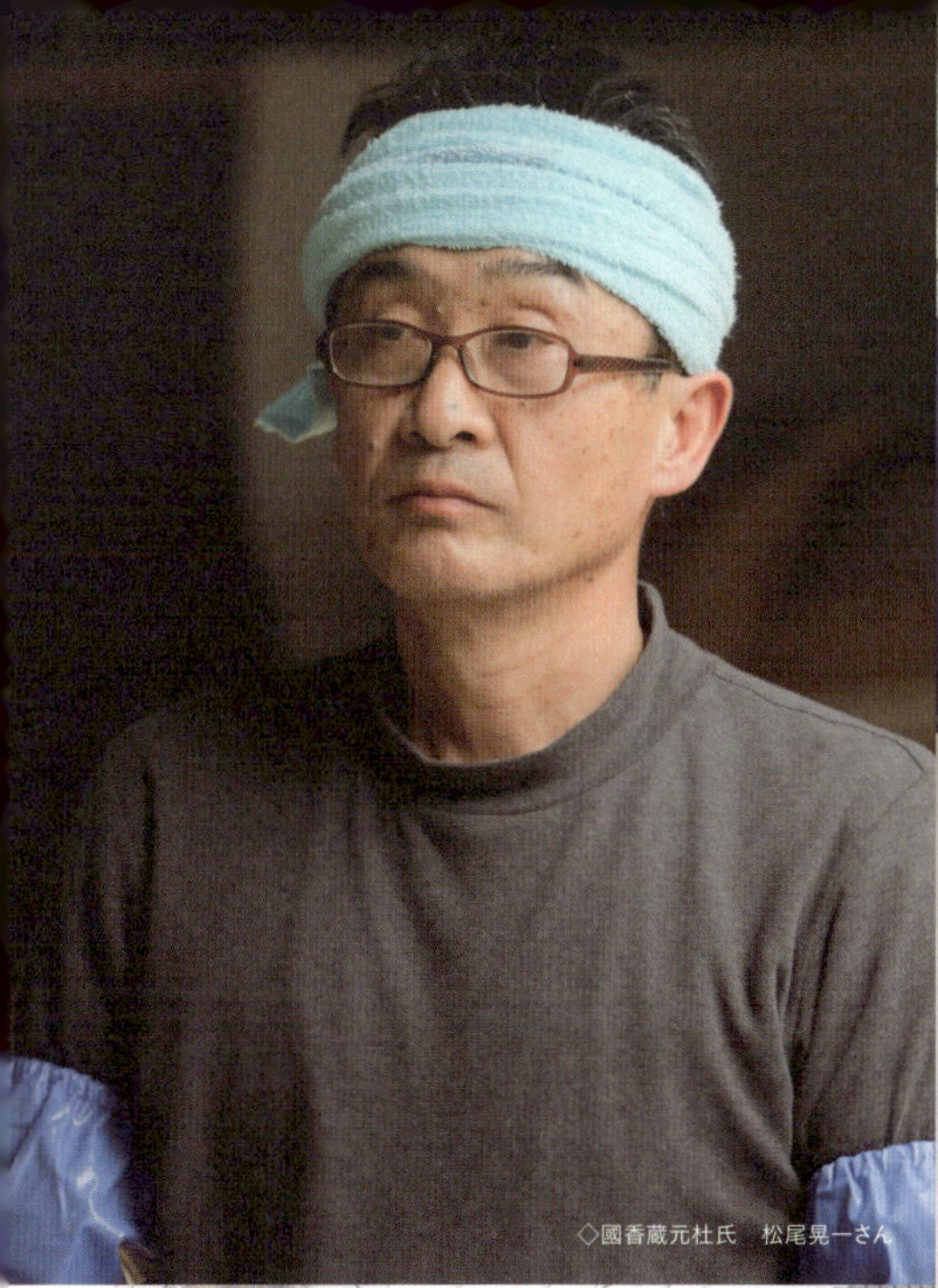

◇國香蔵元杜氏　松尾晃一さん

◇開運杜氏　榛葉農さん

吟醸王国しずおか考

静岡県といえば茶畑や富士山がシンボルで、気候温暖で人柄ものんびりしている。日本酒を造っているというイメージはなかなか浮かばないだろう。ところが、平成20年（2008）の北海道洞爺湖サミット公式晩さん会では焼津の地酒『磯自慢』が乾杯酒に選ばれた。「なぜ静岡の酒が？」と周囲からさんざん突っ込まれた私は、「ツウの間で静岡は〝吟醸王国〟と呼ばれている。雑誌・新聞の日本酒人気ランキングでも静岡の銘柄が軒並み上位を占めている」と応え、ビックリ感心された。

イメージがないといっても、江戸時代、東海道の宿場町が22宿もあった静岡県には、実は造り酒屋がたくさんあった。明治以降、戦争や不況があるたびに原料米不足のあおりを受け、規模を減らしていったものの、天皇皇后両陛下が昭和34年にご成婚された時は72蔵が名を連ね、静岡新聞で慶祝広告を作ったくらいだ。

高度経済成長期、物流の大動脈を持つ静岡県には全国区でネームバリューのある大手銘

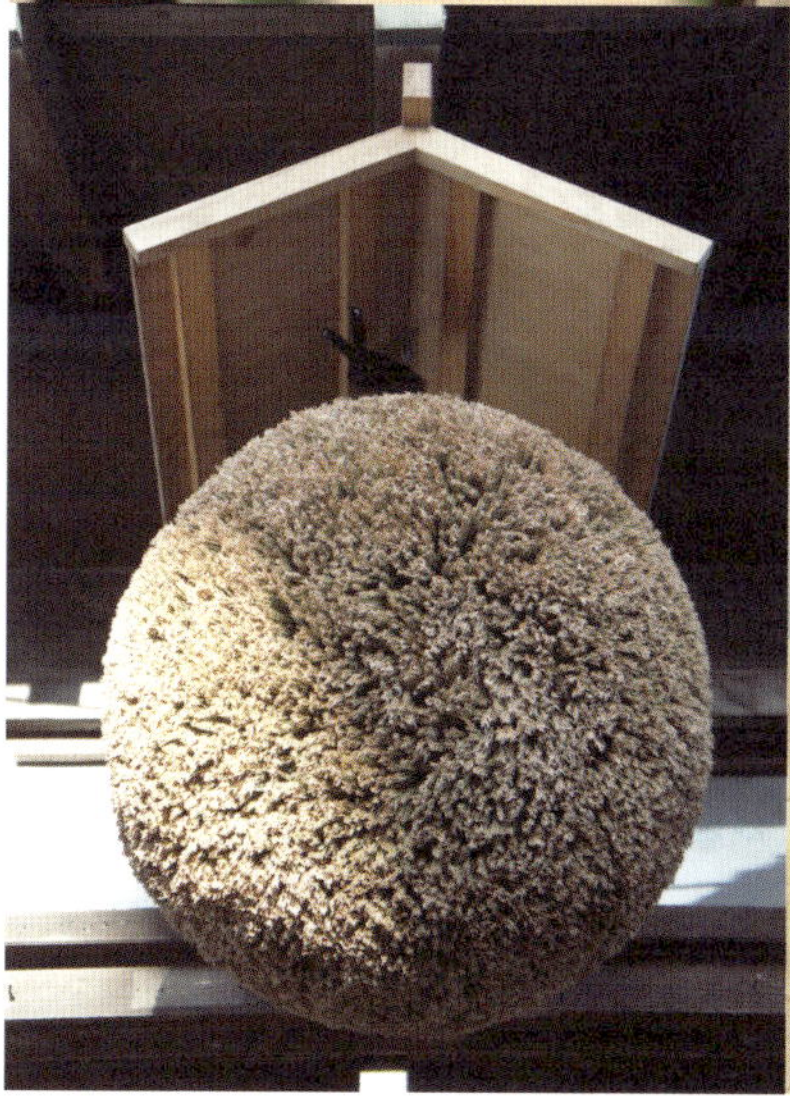

（右下）平成20年（2008）の北海道洞爺湖サミット公式晩さん会の乾杯酒に選ばれた磯自慢中取り純米大吟醸35

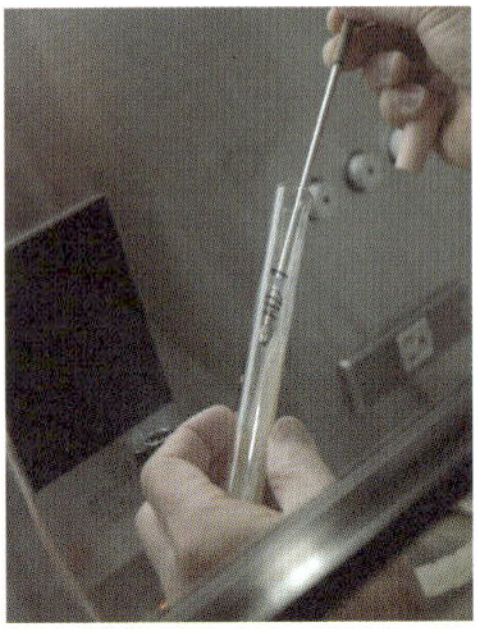

柄が続々流入し、地元の小さな酒蔵は大半が大手の下請けに入った。昭和50年代後半から洋酒の台頭などの煽りを受け、下請けの量が減り始めて、経営が苦しくなった蔵元は、今まで経営の柱には考えなかった吟醸酒＝鑑評会用の特別仕様酒で生き残りを図った。この時に追い風となったのが『静岡酵母』。技術指導を担う静岡県工業技術センターが「静岡らしい独自の吟醸酒で勝負すべき」と考え、吟醸造りの実績を持つ蔵で発見した酵母菌をもとに、バイオテクノロジーを駆使して開発したものだ。

メロン、バナナ、リンゴを思わせるフルーティーな香りと、口中に広がる丸く軽やかな味、

そしてスッキリとさばけのよいのど越し…静岡酵母で醸した酒は、今までの日本酒にはない新しい味わいだった。開発にあたった静岡県工業技術センター主任研究員（当時）の河村傳兵衛氏が、静岡県の酒蔵で使用される軟水の特徴と、静岡県の地域食―おもに海の幸や生わさびの風味とのマッチングを念頭に〝設計〟したものだ。

昭和61年全国新酒鑑評会では静岡県から出品した酒が金賞10、銀賞7で入賞率全国一位を獲得。地域単位での独自酵母開発、大量入賞は、過去に例がなく、酒どころとしては無名だった静岡県を一躍「吟醸王国」に押し上げた。

志太地域には、戦前、志太杜氏という職人集団が活躍し、戦後の高度成長期に全国から南部杜氏（岩手）、能登杜氏（石川）、越後杜氏（新潟）、広島

（右頁）静岡県清酒鑑評会審査（右頁 右下）試験管で培養される静岡酵母（右頁 左上～左頁）（独）酒類総合研究所と日本酒造組合中央会が共催する全国新酒鑑評会（広島県東広島市）

杜氏など優秀な職人たちがやってくると、プライドをかけて切磋琢磨した。静岡県は地理的に、全国各地の職人たちが集まる〝杜氏の技の交差点〟のような地域だ。ここに、静岡酵母という新しい酵母が登場し、競争原理が働いて、蔵元も杜氏も高い志を持って酒質向上に努めた。全国一の杜氏集団・南部杜氏組合でこんな言葉を聞いたことがある。「昔は、（酒の後進地である）静岡の蔵に行けと言われるのは島流しに遭うような思いがしたが、今は違う。吟醸王国静岡で杜氏が務まれば、全国どこでも通用する」。

現在、吟醸酒を含めた特定名称酒の生産量は全国平均34・8％（平成25酒造年度）。毎年微増しているものの、市場で出回る酒の6割以上がいまだ、条件なしの一般酒である（P20注）。一方、静岡県は特定名称酒の生産割合が8割を超え、主に首都圏の大消費地に向け、出荷量は右肩上がりだ。

2011年の東日本大震災以降、東北復興支援の一環で日本酒にふれる機会が増え、それまで日本酒に馴染のなかった人たちが特定名称酒の美味しさや価値に開眼した。和食の世界文化遺産登録によって海外輸出量が増長傾向にあるのも追い風となっている。

静岡酵母が全国新酒鑑評会で一世風靡をしてから30年。造り手・売り手・飲み手の世代交代が進み、日本酒に対する偏見をはなから持たない若い世代や、社会進出によって飲酒の機会が増えた女性など飲み手の層が広がったことで、市場は活気づいている。

地酒は、その地域の歴史・伝統・文化・そして自然とともに育まれる。なにより、水と米を原料とする酒造りは、日本の自然環境あっての産業。いい酒を造り続けるためには、豊かな水資源、農環境、そしてそれらを担う地域の人々との連携が不可欠である。美味しい地酒があることが、その土地の豊かさを証明する・・・日本国中がそうあってほしいし、世界の中で日本がそうあってほしいと思う。

特定名称	使用原料	精米歩合	麹米使用割合	香味などの要件
大吟醸酒	米、米こうじ、醸造アルコール	50%以下	15%以上	吟醸造り固有の香味、色沢が特に良好
純米酒	米、米こうじ	―	15%以上	香味、色沢が良好
純米吟醸酒	米、米こうじ	60%以下	15%以上	吟醸造り固有の香味、色沢が良好
純米大吟醸酒	米、米こうじ	50%以下	15%以上	吟醸造り固有の香味、色沢が特に良好
特別純米酒	米、米こうじ	60%以下又は特別な製造方法（要説明表示）	15%以上	香味、色沢が特に良好
本醸造酒	米、米こうじ、醸造アルコール	70%以下	15%以上	香味、色沢が良好
特別本醸造酒	米、米こうじ、醸造アルコール	60%以下又は特別な製造方法（要説明表示）	15%以上	香味、色沢が特に良好

＜参考＞日本酒造組合中央会 HP

（注）日本酒は米と水を主原料とし、麹、酵母という微生物の働きを活用してアルコール発酵を導く。大ざっぱに「一般酒」と「特定名称酒」に区分され、特定名称酒はさらに「本醸造酒」「純米酒」「吟醸酒」「純米吟醸酒」「大吟醸酒」「純米大吟醸酒」と細分され、原料米の精米率、醸造アルコールの添加量にそれぞれ制限が設けられる。以下の要件を満たさないものは特定名称の表示ができない「一般酒」（普通酒ともいう）。

壱之杯

飲む

ふだん着の酒場

元祖地酒屋＆はしご酒仕掛け人

私が静岡の酒に出合った昭和62〜63年頃、静岡の巷で、静岡の地酒が飲める居酒屋を探すのは大変だった。地酒といえば筆頭に来るのは新潟酒。県産酒がある店を見つけても、メニューにはただ「清酒　一合　〇〇〇円」。静岡の銘柄を看板にした店はほとんどなかったと思う。

狸の穴は、私が酒の師匠と仰いだ静岡県酒造組合専務理事（当時）の故・栗田覚一郎さん行きつけの店だった。店主の成岡真さん千恵子さん夫妻が、知己のあった栗田さんの指導で静岡県産酒だけを集めて昭和55年（1980）に始めた。

当時はカウンターだけの小さな店で、七間町の映画館街にあり、私は1000円で映画が観られる金曜レディースデーになると、その上映前後に決まって立ち寄っていた。常連客の多くは単身赴任のサラリーマンか出張族。成岡夫妻は客同士の会話をつなぐ名人で、隣に居合わせた見知らぬ客から、行ったことのない地方都市の観光地や名産品について教えてもらい、私も、取材で仕入れた静岡の酒や食の話を

出合い

元祖地酒屋　狸の穴

昭和55年（1980）の開店以来、一貫して静岡の地酒を売り続け、地酒ファン憩いの店としておなじみ。県内全銘柄がほぼそろう。これから静岡の地酒を勉強してみたい、いろいろ味見したいという人にもってこいの入門編的居酒屋。

静岡市葵区両替町2-2-5　TEL.054-255-6704
営業／17:00〜23:00　定休／日曜日　交通／JR静岡駅下車より徒歩約10分
席数／カウンター席13名

した。一人でもこんなふうに楽しく飲めるのが、地酒のある居酒屋の良さなんだ…としみじみ思った。

狸の穴はその後、両替町に移転し、女性同士、大学生グループ、県外からの観光客などいろいろなお客さんで賑わうようになった。お客さんの顔ぶれの変化は、30年余にわたる静岡酒の成長の歴史そのものだ。店はコの字のカウンター形式で、客同士の顔も見えやすい。相変わらず一人で飲むことが多い私だが、たまに知り合いを連れて行くと、そのまま常連になってしまう。これもマスター夫妻の人柄と、地酒の縁《えにし》がなせるワザ。静岡県の地酒を支え続けた栗田さんは、今頃、天国からこの店の活況をさぞ喜んでくださっていると思う。

最近の狸の穴は「静岡DEはしご酒」という居酒屋ラリーイベントに参加し、若いファンが激増している。このイベントを仕掛けたのが、JR静岡駅からすぐ、駅南銀座にある湧登《ゆうと》の山口

登志郎さんである。

山口さんはもともと静岡市内で広島風お好み焼きの店で経営しており、焼酎ブーム真っ只中の平成17年（2005）頃、焼酎が飲める鉄板焼の店として湧登をオープンさせた。焼酎を集めているうちに十四代や磯自慢といったキラ星のような酒と出会い、一気に日本酒に開眼。しずおか地酒研究会にも熱心に参加してくれるようになった。

造り手（蔵元）・売り手（酒販店）・飲み手（消費者）の顔の見える交流によって地酒の相互理解を深めていこうという会の考えに賛同し、はしご酒の企画を立てた際は、1軒ごとに蔵元を1社招いて直接交流してもらうというスタイルに。これが大当たりし、静岡以外に清水、藤枝、掛川、沼津でもはしご酒イベントを実現させた。

これ以降、飲食店をはしごする街おこしイベントが各地でさかんに開かれるようになったが、山口さんが仕掛けた静岡DEはしご酒は、地酒という一本筋を堅守し、店や賛同者を選んでいるため、質の高いはしご酒イベントとして定着している。

JR静岡駅に近いこともあって、湧登には市外や県外の客が多い。蔵元や酒販店との人脈が厚いゆえ、秘蔵の酒や先取り新商品など酒メ

出合い

鉄板焼ダイニング　湧登you-to

平成17年（2005）開業の鉄板焼の店。串焼き、焼そば、お好み焼きといった庶民派グルメと特選地酒が味わえる。酒党のための日替わり一品料理も。

静岡市駿河区南町7-9　TEL／FAX 054-284-5777
営業／16:00〜24:00 金・土16:00〜2:00　定休／日曜日　交通／JR静岡駅より徒歩3分
ホームページ／http://you-to.beblog.jp/top　席数／テーブル席8名 カウンター席11名 座敷席10名

ニューも充実。串焼き、焼きそば、お好み焼きといった庶民派メニューがあるから若い人も気軽に来れる。湧登ってどういう店?と聞かれても、「こうだ」とひと言で説明するのは難しいが、私自身はつい、何か面白い酒、ワクワクする出会いを求めて足を向けてしまう。はしご酒の成功は、そんな山口さんの人を惹きつける魅力に負うところが大きい。

地域力と地酒愛

仕事柄、旅に出ると、その土地の地酒が飲める大衆酒場に足が向かう。飛び込みで運よくアタリの店に出合えれば、その旅は幸せな記憶として残る。静岡県を観光で訪れる人はどうだろう。せめて、駅前の分かりやすいところにアタリの店があったら地元民としても安心だが…。

ＪＲ掛川駅北口の大通り沿いにある飲み食い処・さんぱち屋。店頭の電灯看板には店名どおり、すべてのメニューが３８０円均一（税込３９９円）との表示。開業した平成14年（２００２）から変わらず、開運や喜久酔といった静岡の看板銘柄も1合３８０円で出てくる。マグロのカマ焼きも３８０円だ。

店主有海幾雄さんは高校卒業後、掛川市の地酒専門店「酒のすぎむら」に勤めて静岡酒

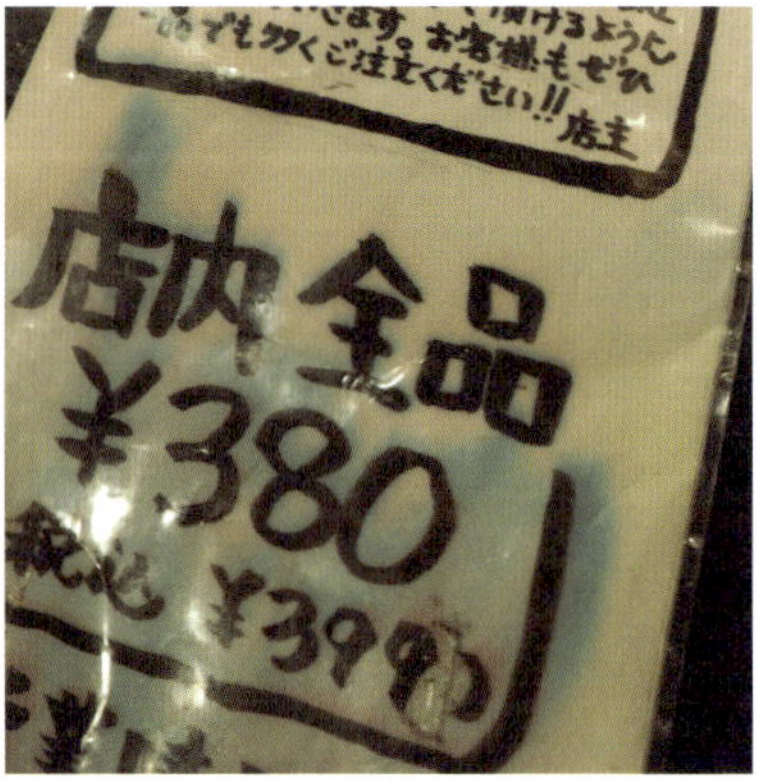

出合い

飲み食い処　さんぱち屋

“立ち飲み以上、居酒屋未満”で、気軽に入ってもらえるよう、さまざまな仕入れの努力によって均一価格での提供を実現。家飲み感覚で地酒の美味しさが楽しめる。

掛川市紺屋町6-4　TEL.0537-24-0932
営業／16:00〜24:00 金・土16:00〜2:00　定休／無休
交通／JR掛川駅北口より徒歩約2分　席数／テーブル席14名 カウンター席7名

に開眼し、取引先の飲食店を回るうちに「地酒を飲める理想的な店」「深夜まで心おきなく飲める店」を自分でやろうと21歳の若さで独立。実家のある旧大東町で昔馴染みの精肉店や魚屋のおやじさんたちから「こんな時代に若い奴が頑張るっていうんだから」と厳選食材をご近所価格で卸してもらい、野菜もファーマーズマーケットで仕入れ、この価格を実現させた。いわゆる大手居酒屋チェーンの食材大量仕入れ&サービスマニュアル化による低価格とは違い、地域力をフルに生かした経営努力の成果である。またたく間に人気店となり、近隣の空き店舗に姉妹店「うおゆう」「遠州屋」を出店。掛川駅前の活性化にひと

役買っている。

静岡県を代表する銘醸地・藤枝の駅前には、銘醸地にふさわしい地酒充実の店が増えている。平成18年（2006）12月にオープンしたおもひで横丁・藤枝市場（通称エダバ）はその代表格。福島県会津出身の店主渡部晋さんは、高校卒業後、〝サッカー就職〟で藤枝にやってきて、故郷福島の地酒の美味しさに出会った。サッカーとサラリーマンの二足のわらじを10年続けた後、30歳前に一念発起し、飲食業に転身。静岡や藤枝の人気居酒屋グループで修業し、33歳でグループ店オーナーとなり、2年後の2006年、完全独立。福島と静岡の地酒をたっぷり飲ませる店をつくった。私も県外や海外で多くの酒と故郷の酒を比べた時に、その価値がよく解っただけに、渡部さんの地酒愛には大いに共感した。

出合い

おもひで横丁　藤枝市場

“おもひで横丁”という冠名のとおり、昭和の酒場をイメージさせるレトロな店構え。静岡では珍しい会津直送の馬刺しをはじめ、福島・藤枝の食材も豊富で、地域間の酒と食のクロスカップリングが楽しめる。

藤枝市駅前2-8-2　TEL／FAX.054-646-8877
営業／17:00〜24:00（オーダーストップ23:30）　定休／月曜日　交通／JR藤枝駅北口より徒歩3分
ホームページ／http://edaba.jp　席数／カウンター席11名 テーブル席16名 小上がり席8名 奥座敷席15名

昭和の酒場をイメージさせるレトロな店内は、藤枝の歴史に詳しい新聞販売店の社長から借り受けた古い町の写真や地元サッカーユニフォームが壁を飾る。お客さんは自然に酒談議、サッカー談議、藤枝の昔話に花を咲かせる。そんな地元らし〜い雰囲気は出張客からも評判で、近隣のビジネスホテルも「飲むならココ」とイチオシしている。

そんなエダバの姉妹店・萬惣屋《まんそうや》が、平成26年（2014）、静岡市のビジネスホテル1階に開店した。こちらは静岡県の地酒と食材にトコトンこだわった店。県内全銘柄がそろい、毎月1回、蔵元を招いて地酒の会を開催している。何回かこの会に参加

させてもらい、着実に若い年代の地酒ファンが増えていることを感じてきた。また、そういう場で蔵元自身が地酒ファンの厚みを肌で感じ、酒造りへの自信と責任をかみしめる姿に感動した。

渡部さんは現場で「監督」と呼ばれている。地酒愛に満ち溢れた監督に率いられるチームエダバ＆萬惣屋は、なでしこジャパンの宮間主将よろしく、地酒を「ブームではなく文化に」醸成する原動力になっているようだ。さんぱち屋の有海さんからも、同じパワーを感じる。駅前の元気な居酒屋は、店の存在自体がその町の観光資源でもあるじゃないかと思えてくる。

出合い

日本酒酒場　萬惣屋（まんそうや）

藤枝市場の姉妹店として平成26年（2014）、静岡伊勢丹裏の佐乃春ビル1階にオープン。
庶民の社交場だった昭和酒場をほうふつとさせる店内。静岡酒全銘柄をそろえる。

静岡市葵区両替町1-4-8 佐乃春ビル1階　TEL／FAX.054-253-0088
営業／16:00〜24:00 日祝16:00〜23:00　定休／無休　交通／JR静岡駅より徒歩約15分
席数／テーブル席34名 座敷席32名 カウンター席6名

萬惣屋の月一回の地酒の会。多くの若い人達で盛り上がる店内。

ポテサラと燗酒

鷹匠の「おい川」は縁の深い店だ。しずおか地酒研究会を作る前の平成7年（1995）11月、私は静岡市で食文化講座「静岡の酒を語る」を企画した。その受講生の中に、藤枝の酒販店「酒のケント」の山本修輔さんの兄・山本将夫さんがいた。翌春、地酒を看板にした居酒屋を開店予定で、地酒を学ぶ格好の機会だと喜んでくれた。自分が面白半分に企画した講座がまさかそんなに早く、人様の役に立つとは思わず驚いたが、講座の評判もよく、しずおか地酒研究会結成のきっかけになった。その山本さんが始めた店が「おい川」だ。

酒のケントから仕入れる志太の銘酒と、釣り好きの将夫さんが作る酒肴は、味はもちろん、値段も手頃。あっという間に常連客がつき、予約しなければ入れない繁盛店になった。開店から17年後の平成24年（2012）、高齢を理由に引退した将夫さんに替わって、野崎弘樹さんが厨房に立つことになった。

それまで静岡市内の居酒屋チェーンに勤め、独立の機会をうか

出合い

居酒屋　おい川

料理メニューは定番100余、旬のもの20余種類をほぼ1000円以下で提供。地酒は静岡銘柄20種を網羅する。

静岡市葵区鷹匠1-4-1 佐野ビル1階　TEL.054-272-6551
営業／17:00〜23:00　定休／日・月曜日　交通／静鉄新静岡駅より徒歩2分
席数／カウンター席7名 座敷席20名

がっていた野崎さんは、知り合いの大学生がおい川でアルバイトをしていた縁で将夫さんのもとを訪ね、数ヶ月研修を受け、そのままのれんを引き継いだ。店名も、店の内装も、120種類はあるメニューや静岡酒主体のラインナップもほとんど同じ。将夫さん時代から私の大好物だったポテトサラダとトマトのおい川焼きの味も、まったく変わらない。「変えたいと思わないの？」と訊ねても、「自分で増やしたのが1割ぐらい。あとの9割はおい川メニューのまんま。自分が好きだから」という。野崎さんは昭和62年生まれ。私が静岡の酒と出合った年に生まれた彼が、深い縁のある店の味を守ってくれているなんて、これを酒縁といわず、何といおう。

ところで私は、居酒屋では必ずポテトサラダを頼む。ポ

薊のスパイシーなホットサラダは錫
のちろりで付けた燗酒に合う

テサラが美味しい店はハズレなしというのが私の持論。これという理由はないが、これまでの取材歴で得た正直な実感である。

静岡の居酒屋でポテサラが美味いと自信を持ってお勧めするのが、人宿町の薊《あざみ》である。薊のポテサラは胡椒の効いたスパイシーなホットサラダで、これが、ぬる燗の酒によく合う。以前、磯自慢の本醸造を燗で頼んだら、隣に偶然居合わせた若い男性から「エーッ磯自慢をお燗しちゃうんですか!?」とビックリされた。味のボディがしっかりした本醸造は常温や燗でも美味しく飲めること、薊では錫のちろりと燗温度を使い、丁寧に燗付けしてくれるので温度帯を微妙に変えて味わえることを話したら、「お燗する酒って安かろう悪かろうの酒だと思い込んでいた」と彼。こういう思い込みのタガを外すきっかけが、自分にも他人にも必要なんだと思った。

薊では夏でも磯自慢や喜久酔の燗を頼む。店主に無理強いするわけではない。メニューにちゃんと書いてある。「どんな時期でも美味しい燗酒があるよ」という店のメッセージをちゃんと受け、燗酒を美味しく味わう姿を他の客に見せつけるのが、私のささやかな〝伝道〟である。

出合い

居酒屋　薊

平成14年(2002)オープンの和風居酒屋。オーナー伏見恵之介さんお気に入りの「喜久酔」はじめ、世界の醸造酒と地元素材を活かした和風料理のコラボレーションを提供する。

静岡市葵区人宿町1-3-14 ニュークレマツビル1階　TEL.054-253-3885
営業／17:00〜23:00　定休／日曜　交通／JR静岡駅より徒歩約15分
席数／カウンター席8名 座敷席15名

テナントビルの隠れ家

自分の経験からすると、路面店ではなく、テナントビルの2階以上にある店に初めて行くとなると、事前にリサーチするか、誰かに連れて行ってもらうしかない。でもいったん、顔なじみになると、自分だけの隠れ家を確保したみたいで、ビルの上階を昇る時間が妙に愉しい。

両替町の狸の穴のほぼ真向かいにあるビルの4階にある駿河呑喰処のっち。この近辺では狸の穴の看板しか眼中になかった私は、知り合いの酒販店に教えてもらうまで、まったく気がつかなかった。平成19年（2007）5月末にオープン。静岡市内でバーテン、洋食店、和風ダイニング等で腕を鳴らした福島徳昭さんが、「自分だったらこういう店で呑みたいと思える店、県外の友人に自信を持って紹介できる店」という理想を現実にした店だ。ゆったり座れるカウンターやボックス席は、地酒が呑める居酒屋というよりも、落ちついたバーの雰囲気。カウンターには蔵元のサイン入り酒瓶がズラリ。彼らも隠れ家気分を満喫しているの

出合い

駿河呑喰処のっち

厳選地酒と地産地消の酒肴、腹ごしらえしたい人のための食事メニューも充実。ゆったり座れるカウンターやボックス席。カウンターに立つ福島徳昭さん絹代さん夫妻のソフトな対応が、女性も一見客も居心地よくしてくれる。

静岡市葵区七間町8-25 ITO七間町ビル4階奥　TEL／FAX.054-253-5556
営業／17:00～深夜2:00　定休／月曜日　交通／JR静岡駅より徒歩約10分　席数／カウンター8名 ボックス席8名

ちょっと盛 990円
黒鯛 刺 770円
860円
揚げナスのおろし煮 450円
オクラの天麩羅 480円
ささみ焼 550円
豚バラ肉の味噌漬け焼 640円
ローストビーフ 700円
わさびの茎漬け
400円
ちょこっとずつ三点盛 900円
アンチョビキャベツ 480円
だし巻玉子 590円
本日のお勧め地酒
白隠正宗
誉富士 純米 470円
長芋のふわふわ焼 500円
國香
國香
國香
喜久酔
喜久酔
喜久酔

37／ふだん着の酒場

だろうかと想像した。
浜松の知人に案内してもらったのは、有楽街のテナントビル2階にある和酒専門 晴々。ここも落ちついたカウンター&ボックス席で、スタイリッシュなクラブのよう。オープンは平成24年（2012）11月。オーナー杉浦勇樹さんは日本酒学師や焼酎品質鑑定士の資格を持ち、常時30種類以上の日本酒と40種類以上の焼酎を用意し、厨房では経験豊富な料理長が地元食材を創作メニューに仕上げる。きき酒セット（80cc×3種）を頼むと、すかさず、開運仕込み水がチェイサーで出される。そう、こちらから注文しなくても、酒を飲む人には一緒に水を出す。これが地酒の飲めるいい店の条件の一つである。しかも酒蔵の仕込み水。オーナーの地酒への思いの深さがよくわかる。

出合い

和酒専門　晴々

静岡県内の地酒を中心に、焼酎・梅酒・果実酒など「和酒」にこだわった店。料理は遠州の地魚・地野菜中心。単品からコースまで豊富にそろう。

浜松市中区田町325-1 渥美薬局ビル2F　TEL／FAX.053-454-2772
営業／17:30～1:00　定休／不定休　交通／JR浜松駅より徒歩10分
席数／カウンター6席 テーブル18席 個室(6～8名テーブル席)1室

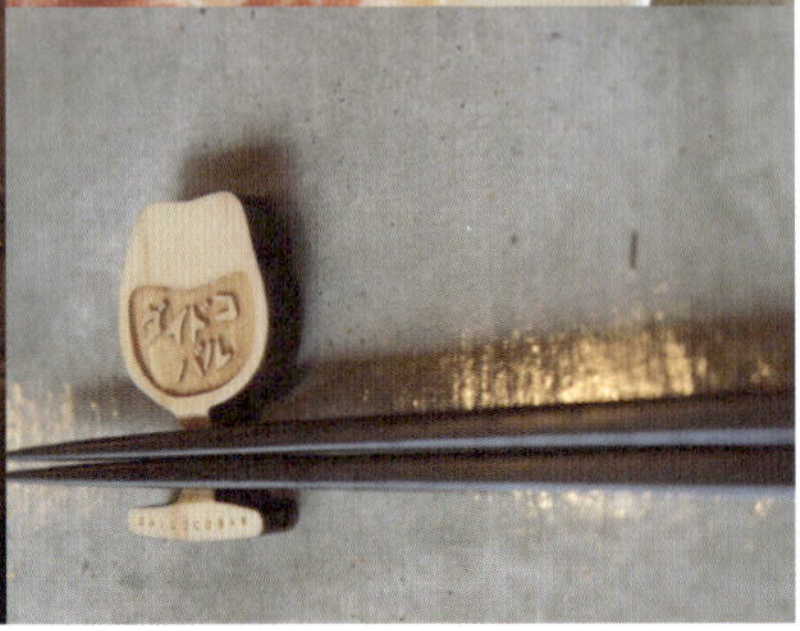

藤枝駅南口、線路沿いのテナントビル3階にあるダイドコバルは、オーナー平井武さんが20歳の頃、放浪したスペインのバルの庶民的かつ酒食の豊かさを再現しようと、静岡市内の料理店や酒販店での修業を経て、平成24年（2012）12月、故郷藤枝で開いた店。テナントビルの3階にあっても、誰でも気軽に立ち寄れる、おだいどこ（藤枝弁でお台所）というのがコンセプトである。店内の雰囲気はナチュラルな南欧調。酒は静岡の酒10種と国産ワインが中心。食事は〝おだいどこ〟らしく地元産食材の

出合い

ダイドコバル

國香、喜久酔、杉錦、志太泉をはじめ静岡県の10蔵が飲めるバル。扉を開けて右側フロアにはカウンターとテーブル席、左側のテーブル席は映像視聴装置付きの個室になり、さまざまな用途に利用できる。

藤枝市田沼1-3-26 青木ビル3階　TEL.054-631-5393
営業／18:00〜1:00　定休／不定休　交通／JR藤枝駅より徒歩3分
席数／カウンター8席 テーブル30席

創作メニュー。平井さんが以前勤めていた店のオーナーが経営する、静岡の伝説のファストフード・チェリービーンズの「チェリビポテト」風ポテトも味わえる。ポテサラに目のない私は、これをつまみに國香を飲む。

3階の窓の外には夕暮れ時のマジックアワーが広がり、駅に連なる線路が旅情をかりたてる。藤枝をスペインの町と想定するには、ちと無理があるかもしれないが、旅をして、いろんな店で修業してきたオーナーの経験値が詰め込まれた酒食を味わうと、一緒に旅しているような気になる。次はここで、海外の友人を地酒でもてなそうと思う。

きき酒達人の店

酒と真剣勝負する料理人

　駆け出しライターだった頃、唎き酒のとき「つまみは豆腐か漬物でいい」と豪語していたことがある。全国新酒鑑評会では1000銘柄近い出品酒を、食事も取らず、5〜6時間ぶっ通しで試飲し、静岡県清酒鑑評会の一般公開会場でつまみを持参してその場で宴会でも始める勢いだった男性にキレそうになったこともあった。当時の私は、鑑評会で賞をとるような酒が素晴らしいのだと思い込む典型的な酒オタクだった。

　取材を進め、年齢を重ねていくうちに鑑評会の世界から距離を置き、「料理と一緒に味わうと、ただ試飲するときとは違う美味しさがある」と実感できるようになってきた。考えてみれば、米と水が原料だから、日本人が食べるものに合わないはずがない。吟味した酒なら吟味した食材や調理法と合わせることで、その美味しさが何倍にもふくらむ。食材の宝庫といわれる静岡で、「つまみは不要」とのたまっていた自分はなんて大損をしていたのか、と気がついた。

　弁いちの鈴木純一さんは、店で扱う酒はすべて試飲し、「栓を空けて2日ぐらい置いてから出す」「1年寝かせたほうがいい」等と判

出合い

割烹・仕出し　弁いち

大正11年創業という老舗割烹の3代目。昭和50年代、市場で吟醸酒自体、希少価値が高かった頃、先見の目を持つ酒販店とともに地方の優れた吟醸酒の普及に尽力した先駆店。予算は夜コースで8000円〜（税・サービス料別）。

浜松市中区肴町313-13　TEL.0120-88-2216　FAX.053-454-5085
営業／12:00〜13:30(OS) 17:30〜21:30(OS) ＊完全予約制　定休／日曜日　交通／JR浜松駅より徒歩約10分
駐車場／なし　ホームページ／http://www.benichi.co.jp/　カード／可　席数／座敷席20名 個室4室

断し、その酒のベストパフォーマンスを発揮できるタイミングで提供する。もちろん、料理との相性を吟味し、出す順番も考える。こういう人だから基本的に酒と料理はおまかせ。春先にうかがったときは、天竜の山菜名人から入手したという野草シドケ、アイコ、ヤマウド、ツリガネニンジンの新芽をカラッと揚げ、これに磯自慢純米大吟醸42スプリングブリーズ（特A山田錦42%精米の春の限定酒）を合わせてくれた。ノドグロを若狭焼にしてあさりソースをかけたものには、開運純米大吟醸伝波瀬正吉の無ろ過生原酒を、3日前に開封して落ち着かせた段階で合わせる。仔牛ソテーふきのとう味噌ソースがけに合わせた高砂純米吟醸10年古酒は、店でさらに5年寝かせ、シェリー香を帯びた心地よい老ね香が出たところ。このレベルの酒と料理を出されたら、もう、こちらから要求するものは何もない。

「いい酒との出会いって、味だけでなく、人生そのものの記憶になるんですよね」と鈴木さんは言う。まさにそ

の言葉どおり、全国新酒鑑評会で数百品試飲したものより、この店のノドグロ&波瀬正吉、仔牛ソテー&高砂古酒のほうが、鮮明に記憶に残っている。この味わいを提供するまでに費やした鈴木さんの努力とはいかばかりだろう。「努力」などという言葉は失礼かもしれないが、客の人生の記憶に残る仕事をしているというプロ意識は、高い志を持つ蔵元や杜氏にも感じる。鈴木さんは酒を通して、そのことをしっかり共感されているのだろう。

浜松にはもう1軒、店主おまかせの店がある。貴田乃瀬《きたのせ》は店主市川貴代志さんの豊富な酒の知識と、他店で模倣メニューが続出している創作料理レパートリーが評判の居酒屋。酒は基本的に銘柄リストを置かず、料理に合わせて出す。ご本人は蔵元や酒販店に敬意を払いつつ「あくまで料理が主役。朝から一生懸命仕込みをして作った料理より、酒のほうが美味いなんて言われたらガッカリしちゃいます」と笑う。

年に数回は取引先の丸味屋酒店と共同で、蔵元と料理を楽しむ会を開催中。ここ近年はお気に入りの志太泉、小夜衣、英君の蔵元を数ヶ月おきにローテーションで招いているという。志太泉の会で出された酒肴のうち、子持ち昆布は、塩を抜くときに水を使わずに志太泉を使って塩抜きし、味付けの出汁にも志太泉を使用。

出合い

旬肴　貴田乃瀬

全国の居酒屋名店ガイド常連掲載店としてお馴染み。最近はシニアワインソムリエの資格を持つ妻愛子さんのファンも増え、客層がグンと広がっている。

浜松市中区田町231-1　TEL.053-455-2832
営業／18:00〜23:00　定休／日曜日　ホームページ／http://www.kitanose.jp/
カード／可　席数／テーブル席10名 カウンター席7名 座敷席10名 個室2室

モッツァレラチーズの味噌漬けは信州味噌の中に志太泉の酒粕と酒を入れて味を整えるなど、ファンがこれ以上望みようのない志太泉のアテを用意した。市川さんはこんなふうに毎回、酒の特徴をとらえた新作酒肴を提供し、客の反応を見て定番メニューにしていく。まるで酒を工具に創作活動するクリエーターのような人。蔵元にしてみれば鑑評会の審査員よりも、ある意味、厳しい存在なのかもしれないと思った。

清水の河良《かわよし》の河本昌良さんは京都、東京、静岡の老舗料亭で板前を務め、鮮魚関係の仕事も経験したベテラン料理人。店は大衆的な雰囲気ながら、料理は会席と同じ順に出される京風の洗練された味付け。酒飲みの内臓の負担を考え、食材や調味料にも添加物のないものを極力選ぶ。常連客は「悪酔いしたことがない」「たくさん飲むのにちゃんと食べられる」と酒盃と箸の手を止めない。私も以前、徹夜仕事の合間に編集者を連れて、残り物でいいからと遅い夕食をお願いしたことがあった。午前零時過ぎにもかかわらず手のかかった逸品料理が次々に出され、きれいに完食してしまった。京都出身の編集者は「実家の親を連れてきたい」と感激していた。

酒は客の杯や箸の進み具合を見計らい、おかわりの声がかかる前に「次はこちらをお試しください」とさりげなく出す。「いい酒に出会うと、よーし、この酒に負けるものかと燃えてくる。國香など料理人としての魂をゆさぶられましたよ」と河本さん。真剣勝負の料理に挑む原動力は、静岡の酒へのリスペクトに違いない。

これらの店は、お目当ての銘柄や好みの料理を好き勝手にオーダー

出合い

季節の味わい　河良(かわよし)

本格的な板前料理をベースにしつつ居酒屋価格。酒はオール純米酒で1合500円〜、斗瓶取りのような限定酒でも1300円以内で楽しめる。

静岡市清水区江尻東1-5-6　TEL.054-367-9990　FAX.054-346-1819
営業／17:30〜23:30　定休／日曜日 ※2名以上で前日予約なら可　交通／JR清水駅より徒歩約8分
駐車場／1台(無料)　席数／カウンター席5名 座敷席10名

することはできないが、彼らは「日本酒が好き」「静岡の酒を知りたい」というお客さんにはトコトン優しく、出身地や味覚経験に配慮した酒を提供してくれる。自分の故郷や食の好みについて適当に話すだけで、飲んだことのない銘柄、知っていても料理によって劇的に変わる味に出合えるのだ。20〜30代の頃、キリキリしながら唎き酒修業していた私にとって、彼らとの出会いは目からウロコの連続で、狭量だった自分の味覚の幅を広げ、酒も料理も人の匙加減で変わることをちゃんと証明してくれた。

20年、30年と続く彼らの店には、親子2代で通う客も少なくない。若い飲み手がこれから先、同世代の料理人や蔵元、杜氏と刺激しあって、静岡の酒食文化を盛り上げることを信じてやまない。

名誉唎き酒師のいる店

静岡県には、名誉唎き酒師（注）という肩書きを持つ達人が3人いる。そのうちの1人・浮殿《うきどの》のフロアマネージャー羽根田陽亮さんは、店で扱う100種1000品目の酒を5℃の専門酒庫にストックし、日本酒度・酸度・アルコール度・味の特徴をコンピュータで管理する。その日の天候・食材と調理方法・季節感などを考慮し、お酒の日替わりコースまで設定している。

ワインソムリエでもある羽根田さんは、日本酒の魅力を「合わない料理がない」とひと言。「冷酒でも常温でも燗付けでも、それぞれの味わいがある。ストレートで飲むアルコール飲料で、温度変化が楽しめる酒は日本酒だけです」。温度変化に耐えうる酒のボディを支えるのは酸度。酸が少なく、軽快でさっぱりした味が特

出合い

懐石·吟醸桟敷　浮殿

徳川慶喜公が居住し、東海の名園として名高い「浮月楼」内にある懐石·一品料理の店。お酒の日替わりコースがある。5種おまかせ（2400円）、3種おまかせ（1650円）、おすすめきき酒（1320円）、酒肴懐石コース（3300円）他。

静岡市葵区紺屋町11-1 浮月楼内　TEL.054-251-3101
営業／火～土曜日11:30～15:00(OS14:00)17:00～22:00(OS21:00)、日曜日11:30～15:00(OS14:00)17:00～21:00(OS20:00)　定休／月曜日(祝日の場合は昼のみ営業)　交通／JR静岡駅より、徒歩5分　駐車場／50台(無料)
ホームページ／http://www.fugetsuro.co.jp/ukidono/　カード／可
席数／カウンター席6名 テラス席26名 テーブル席11卓(4名様まで) 個室1室(16名)※お部屋代8800円(税別)

徴の静岡吟醸は、燗には不向きといわれてきたが、県内でも生酛や山廃など酸のしっかりした伝統造りの純米酒が増え、選択の幅が広がった。最近では低酸の静岡タイプでも、燗の付け方次第でグッと燗上がりすることがわかってきた。

「ワインは、産地やブドウの品種によって味の想像が限定されやすいけれど、日本酒には無限の可能性がある。簡単には説明できないというのが、また魅力」と羽根田さん。同世代の蔵元や食材生産者とのコミュニケーションを大切にし、休日には産地をこまめに回る。「蔵元が、飲み手や売り手のことを意識し、メッセージが伝わりやすい商品を出してくれるようになりましたね」と振り返る。彼の役割とは、造り手のメッセージをきちんと整理し、的確に発信するプラットホームのようなものだと思う。そのせいか、黒服をまとった

(注)名誉唎酒師とは、2014年度から始まった日本酒サービス研究会・酒匠研究会連合会(SSI)の認証制度のひとつ。酒造之太祖久斯之神(出雲佐香神社)任命の「酒泉酒仙の会」の職位として、日本酒及び日本文化の普及、発展に貢献した人を認証する。2014年は全国で22人認定。著名人対象の名誉唎酒師酒匠認証もある。県内3人のうち残り1人は裾野市の酒販店主・江森甲二さん。

彼が時々、空港や新幹線駅の管制官にみえてしまうときもある。

県内の飲食店主で唯一の初代名誉唎き酒師ホルダーが、みなみ妙見の池谷浩通さんである。店で扱う基本食材は地元御殿場産がメイン。農水大臣賞受賞の名人田代耕一さんの真妻わさび、米は遠藤貴夫さんの御殿場こしひかり&きぬむすめ、醤油は御殿場の名醸・天野醤油。御殿場金華豚は指で触ると体温で溶けてしまうくらい脂の柔らかい極上ランクを特別ルートで入手する。そして酒は「金明」「白隠正宗」。生産者を決め、ブレずにつきあうから、生産者仲間が仲間を呼び、自然に同志が増える。浮殿の羽根田さんが酒に特化したプラットホームを築き上げたとしたら、池谷さんのプラットホームにはF1食材とも称されるローカル食材がたっぷり。そういえば彼もなんとなく、鉄道の制服が似合いそうだ。

出合い

みなみ妙見

JR御殿場駅南口で昭和43年から営業する日本料理店。初代が昭和10年頃、御殿場駅前で「妙見」を、長男が南口で「みなみ妙見」を開店。一品酒肴、刺身、うなぎ、金華豚しゃぶしゃぶ、会席コースと和食全般にそろう。

御殿場市新橋1706　TEL.0550-82-3344　営業／16:00～22:30 ※昼は予約制
定休／不定休 ※予約があれば営業　交通／JR御殿場駅より、徒歩約5分　駐車場／10台（無料）
ホームページ／http://ikeya.cocolog-shizuoka.com/　カード／可
席数／テーブル席18名 カウンター席6名 座敷席14名 個室2室

「東京で修業していた頃は酒が苦手だったんですよ」と池谷さん。実家に戻って父と厨房に立っていたころ、店では新潟酒をメインに扱っていた。有名ゴルフ場や別荘が多い御殿場では、県外客から「地酒はないの?」と訊かれることも多かった。客のニーズに応える商材のひとつとして扱い始めた静岡吟醸が、池谷さんの料理人魂に火をつけ、静岡吟醸に合う食材を追求し始めたら、おのずと、地元F1食材に行き着いた。

平成24年(2012)にリニューアルしてからは地産地消のオアシスとなり、気心知れた仲間や地酒ファンが集まって、家族の笑顔が絶えない店になった。酒が苦手だったという料理人が、県内初の名誉唎き酒師になるとは、この人もまた、酒で人生が変わってしまったのかもしれない。

地酒と美食体験

鮨と酒

以前、ある蔵元に一番好きな食べ物を聞かれ、「白いご飯」と答えたことがある。美食家の蔵元に自慢できる食歴がないのは仕方ないとしても、謙遜でも卑屈でもなく本当に、真っ白な炊きたての熱々ご飯を、何もかけずにそのまま。これに、出汁のきいた味噌汁と香の物少々。この一汁一菜に手間ひまかけることができたら、私にとって最良のご馳走になる。

子どもの頃を振り返ると、母が毎食、ご飯は炊きたて、味噌汁は毎回煮干と鰹節で出汁をとって食べさせてくれた。オトナになって、米が原料の日本酒をしみじみ美味しく飲めるのも、たぶん、この、ごくごく普通の食体験で形成された味覚がベースにあるように思う。このところ、若者のアルコール離れが心配されているようだが、ご飯と出汁を味覚のベースに成長すれば、子どもはきっと、自然に、日本酒が味わえるオトナになるんじゃないか…なんて期待する。むろん、酒飲みになるためだけじゃなくて、味覚を育てるためにも現在子育て中の方々にはできるだけ一汁一菜を心がけてほしいと願う。

さて、私がオトナになって酒修業を始めた頃、背伸びして通っていたのが鮨屋だった。

昭和の終わりから平成の始め頃といったら、静岡県の吟醸酒は鮨屋ぐらいしか置いていなかったのだ。昭和50年代、静岡県の大吟醸を初めて客に飲ませた伝説の鮨職人・竹島義高さんがいた「入船鮨」、竹島さんの弟子の塚本育夫さんが藤枝駅前に出店した「酒のやかた」、開運が全種類そろう「陣太鼓」、磯自慢御用達の焼津「松乃寿司」等など。静岡県の軽快でフルーティーで丸さのある吟醸酒は、駿河湾の海の幸との相性がよく、鮨屋のつまみはそれをしっかり証明してくれた。

平成8年（1996）にしずおか地酒研究会を結成した際、準備決起大会を開いたのが、人宿町のすし市。ヴィノスやまざきの山崎巽社長（当時）に紹介された、地酒が飲める庶民的なお鮨屋さんだ。酒は山崎さんの勧めで、昭和53年（1978）の開店当時から磯自慢や國香を

扱った。私が最初に國香を飲んだのもこの店で、しずおか地酒研究会の準備決起大会には酒造繁忙期にもかかわらず、蔵元の松尾正弘さん（当時）が駆けつけてくださった。

　歳月を経て、ある年の静岡県清酒鑑評会一般公開の夜、磯自慢杜氏の多田信男さんと國香の蔵元杜氏松尾晃一さんを、すし市に案内する機会に恵まれた。静岡酵母の旗手として名高い2人の酒を、ご本人たちと一緒に、駿河湾の地魚をつまみにして味わう。…私にとって一夜限りの最高のご馳走になった。

　すし市のカウンターに立つのは店主の井木裕さんと息子の啓介さん。父子二人三脚で、江戸前の向こうを張った〝しずまえ〟を看板に、定番地魚から珍しい深海魚まで豊富なネタをそろえる。東京での修業が長かった裕さんは、江戸前のべらんめえ調で気さくに話す。脱サラし、20代半ばからこの道に入った啓介さんとは、最初、店ではなく、取材中の酒蔵で偶然出会っている。酒蔵にまで足を運んで真剣な眼を注ぐ姿が嬉しかった。

　國香は平成26酒造年度から松尾晃一さんが息子雅夫さんと二人三脚で醸す。鮨と酒、2組の父子競演で味わえるなんて、これもまた、地元ならではの美食体験。今度は母をこの店に連れてこようと思う。

出合い

すし市

静岡の“裏繁華街”人宿町の庶民派鮨店。昭和53年（1978）開店。当時、一般にはまだ無名だった磯自慢や國香を扱い、静岡の酒徒を育ててきた。店主父子が競い合って旬の地魚をふるまってくれる。

静岡市葵区人宿町1-3-17　TEL.054-252-0456
営業／17:00～1:00　定休／日曜日　交通／JR静岡駅より徒歩約15分
席数／カウンター席8席 小上がり8席 座敷24席

花の舞

蕎麦前と酒

鮨と並んで酒徒に愛されるのが蕎麦である。江戸時代、蕎麦屋は注文を受けてから蕎麦を打っていた。その間、客は出し巻き玉子、板わさ、焼き海苔、蕎麦味噌、鴨焼きなどをアテに酒を飲んで気長に待った。これが「蕎麦前」という粋な習慣。今の居酒屋や立ち飲み酒場の原型といわれる。静岡のお蕎麦屋さんは、定食や丼も出す大衆食堂タイプの店が多いので、のんびり酒を飲むような客はあまり見かけないが、上品な出し巻き玉子や香ばしい蕎麦味噌、手打ち蕎麦の豊かな風味は、静岡の酒との相性もバツグン。こだわり蕎麦職人は、酒にもちゃんとこだわっている。

　東伊豆稲取、国道135号線沿いにある誇《こ》宇耶《うや》は、観光客でも気軽に立ち寄れるファミリー向けの大衆蕎麦店。伊豆の幹線道路沿いでドライバー客も多く、地酒にこだわった店

というイメージはなさそうだが、店主山田慶一さんはそば修業した一茶庵で磯自慢を扱っていた縁で、早くから静岡酒の実力に目覚め、小夜衣純米大吟醸1年熟成酒を誇宇耶ブランドにするなど蔵元との信頼がなければ入手できないプレミアものをそろえる。時期によって産地の違うそばの風味と熟成の変わる酒の、絶妙の味のマッチングが楽しめる。

蕎麦庵まえ田は藤枝市岡部、初亀醸造にほど近い住宅街に溶け込んだ住居兼店舗。平日は昼間しか営業していないので、ここも一見しただけでは地酒充実店というイメージはないが、この店の「蕎麦前」は必見だ。

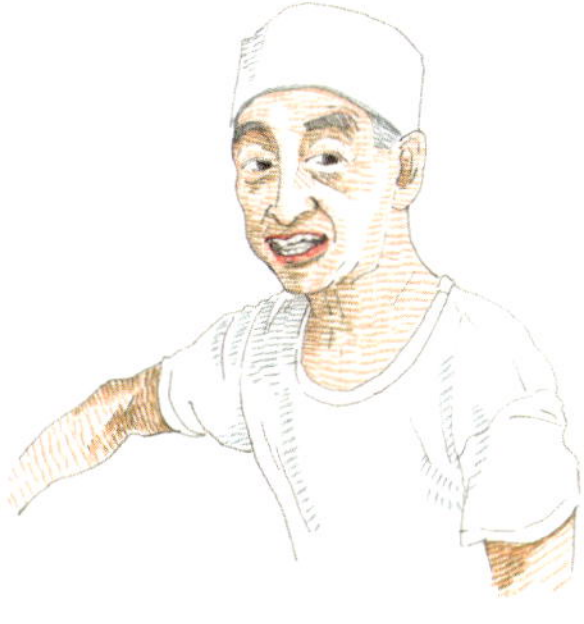

出合い

誇宇耶

全国各産地の農家と契約栽培したそばを自家製粉し、薬味に使う野菜類も自家栽培。酒肴にはご当地らしい新鮮な海の幸やシカ刺し。季節の山菜など実家の裏山で採れたものをさりげなく出してくれる。店名は実家筋の染め物屋(紺屋)から由来。

賀茂郡東伊豆町稲取1940-1　TEL.0557-95-3658
営業／11:00～20:00　定休／木曜日　交通／伊豆急行稲取駅より徒歩15分
ホームページ／http://www.sobako.ne.jp/　席数／テーブル席36名 座敷席32名

地元岡部の焼き椎茸、焼津の鰹ハラモくんせい、黒はんぺんのさつまあげ風、サクサクそばピザなど、居酒屋顔負けの手の込んだつまみを用意する。店主前田茂樹さんは故郷の焼津で開業し、住居付きの店舗を探し求めて現在地に移転した。「はんぺんも椎茸も、自分が子どものころから食べ慣れてきたもの。酒がおいしくなるつまみも、どこか舌が記憶している味になる」という。私は車で取材中、ランチに立ち寄る機会が多いのだが、必ず1組2組、蕎麦前で粋に飲んでいる客を見かける。平日の昼の蕎麦前…いつかはあの席に座ってやろう、と夢にみる日々である。

出合い

手打ちそば　蕎麦庵まえ田

初亀醸造の裏手、岡部川を越えた閑静な住宅地の一角に平成20年(2008)開店。店主前田茂樹さんはハードな営業職で全国を飛び回り、会社の早期退職制度を利用して趣味の手打ちそばを“本業”に。地酒は初亀をはじめオール志太酒。

藤枝市岡部町岡部362-6　TEL.054-667-3325　営業／平日11:00～14:30(夜は予約のみ) 土・日曜日11:00～14:30 18:00～20:00　定休／月曜(祝日の場合、昼のみ営業)　交通／しずてつバス中部国道線乗車「小坂」バス停下車徒歩約3分　ホームページ／http://sobaanmaeda.eshizuoka.jp/　席数／テーブル席12名 小上がり席6名

うどん、中華、天ぷら

地酒が飲めるこだわり蕎麦店が前述の2店以外にもたくさん増え、日本酒には日本蕎麦、という思い込みにはまっていた頃、出合ったのが清水のうどんの店げんきだ。店主松波岩徳さんは石川県小松市出身。料理好きの母の影響で食の世界へ進み、銀座吉兆本店、金沢の銭屋など、名だたる料理店で修業を積み、静岡県内の養鰻業者のもとで鰻のさばき方もマスター。旅先で出会ったうどんの美味しさにピンと来て、平成20年（2008）、縁もゆかりもない静岡でうどん専門店を開業した。

そんな松波さんが打つ手打ち細めん。しょうゆをかけただけの素うどんの味を試してみて、

うどんとは、なんと奥深い料理だろうと今更ながら驚いた。日本酒も、米と水だけで醸されているのに実に豊かでふくよかな味わい。これに通じるものが十分ある。

松波さんはＳＢＳ学苑の日本酒講座をきっかけに地酒に開眼し、今では毎月のように蔵元を招いて酒の会を開くほどのめりこんでいる。酒肴には小太刀魚の天日干しを炙った「しらが」、カキの塩辛、鶏ささみ天ぷら、北川牧場のＴＥＡ豚ステーキなど料亭並みの逸品が並ぶ。私はこれを、蕎麦前ならぬ「饂飩《うどん》前」だと勝手にほくそえんでいる。

沼津のくいもんや一歩の店主小池正和さんは、静岡グランドホテル中島屋で中華料理を手掛けた本格派。出身地の沼津に戻って、本格中華を居酒屋感覚で味わえる店を平成17年（２００５）に開店した。

静岡勤務時代に懇意にしていた地酒専門店で純米酒に魅了され、一歩では白隠正宗、金明、杉錦、

出合い

清水　げんき

毎朝仕込む手打ちうどんは細打ちと太打ちの2種類。毎日10種類揃える旬野菜を中心に地魚や鶏ささみの天ぷら、北川牧場のTEA豚などの一品料理もお勧め。蔵元を囲む試飲会をほぼ毎月開催中。

静岡市清水区高橋4-17-13 立花ビル1階　TEL.054-270-8128　営業／11:30〜14:00 17:30〜22:00
定休／水曜と火曜の夜の部　交通／しずてつバス梅ケ谷市立病院線乗車、「高橋西」バス停下車、徒歩約2分
ホームページ／http://www.genki-shimizu.com/　席数／テーブル席10名 カウンター席4名 座敷席10名

小夜衣といった味わい系の純米酒をカウンターに並べた。中華&日本酒という珍しいマッチングに最初は客の反応は鈍かったが、銘柄を増やし、「県内」「県外」「熟成」「本醸造」と表示を分かりやすくし、2000円で飲み放題にしたところ、大当たり。日替わりの酒肴では、トコトン飲みたい人のためにおすすめ3点セット（1100円）のほか、イサキの葱油煮、焼き茄子ポン酢、するめイカのわた味噌炒め、ブルーチーズグラタン春巻きなど、中華職人らしいひと手間かけた逸品がそろう。

洗練された香りとすっきりした味わいが特徴の静岡吟醸が定着し、今では味わい系、香りひかえめ系、香り強め系、超辛口系など等、さまざまなタイプの酒が静岡でも造られるようになった。小池さんのように専門料理店でキャリアを積み、研ぎ澄まされた味覚と技を身に着けた人ならば、中華に合う酒、酒に合わせた中華を自在に提供できるだろう。

最後に紹介しておきたいのは天ぷら専門店である。中華同様、油を多用する天ぷらも、日本酒と一緒に味わうには重いのでは…という思い込みがあったが、ある蔵元に紹介してもらった天ぷら すぎ村

出合い

くいもんや一歩

沼津市立図書館の向かいにあるカウンターだけの小さな中華居酒屋。本格的な中華料理と充実した日本酒ラインナップ。店内にある日本酒は純米系にこだわり、静岡の地酒を中心に2000円オール飲み放題を常時実施中。

沼津市三枚橋町17-1　TEL.055-963-3603　営業／11:00〜14:00 18:00〜24:00
日曜14:00〜21:00　不定休　交通／JR沼津駅から徒歩5分　席数／カウンター席10名

くいもんや
一歩
2014年11月22日

で考えが一新した。

店主杉村裕史さんは、東海一の名店と称された田中屋伊勢丹（現・静岡伊勢丹）食堂街の「天ぷら田幸」で修業し、田幸の技を伝承する唯一の現役職人。平成14年（2002）に故郷の焼津で開業し、10年後の平成24年（2012）に静岡の静岡銀行呉服町支店裏に移転した。

魚介ネタは刺身や昆布締めに使えるものを築地ほか北海道から沖縄まで全国津々浦々から取り寄せ、野菜類は品種や季節によってベストな産地を選り分ける。揚げ方にもこだわりがあるのかと訊いたところ、「素材の性格によって変えるくらいですかね」と杉村さん。アナゴ、キス、タチウオといった脂のノリが違う魚ならば、衣の厚み、油の温度、時間を調整しながら揚げていく。口中でサクッと軽快にほぐれる衣。ネタの風味がじんわり広がり、油の重さはほとんど感じない。簡単なようだが素人の想像が及ばない職人技だろう。

酒は喜久酔、磯自慢、國香、臥龍梅。「静岡の酒はすっきりしていても味がある。単に水っぽい酒ではない。味に丸みとまろやかさがあるから揚げ物料理ともマッチする」という。料理の味を受けとめる酒の丸さ。酒の味と融和する上質のネタと揚げ加減。これこそ職人技が成せるマリアージュだ。

すぎ村には一度、母を連れていったことがある。母はアルコールを飲まない人だったが、70歳を過ぎてから「吟醸酒なら」と口をつけ始め、今では趣味の登山仲間と一升酒を酌み交わすほど。懐かしい田幸流の天ぷらと喜久酔の味に心底満足したようだった。昭和ヒト桁生まれの母親世代が若い頃、こんな美食体験をすることはなかっただろう。今、日本酒は、日本酒史上、最も美味しい時代になったといわれる。日本中のお年寄りにも、目一杯味わってほしいと心から願う。

出合い

天ぷら　すぎ村

カウンターで極上の揚げたて天ぷらが味わえる専門店。ランチ2200円〜夜のおまかせコース6800円〜。日本酒のほかワインの種類も豊富。

静岡市葵区追手町1-21 オーテシティビルB1F　TEL.054-273-8900
営業／11:30〜13:00 17:30〜20:00 ＊完全予約制　定休／水曜日、木曜昼　交通／JR静岡駅より徒歩約5分
ホームページ／http://www.tempura-sugimura.com/　席数／カウンター席11名 個室8名

弐之杯
買う

呑んで買える、買って呑める

〜酒場経営の酒販店

私が行ったことのない酒場に、昭和の高度経済成長期、町のあちこちにあったという酒屋併設のコップ酒場がある。酒販店を訪ねると「うちの親父やお祖父ちゃんがやってたんですよ〜」と当時使っていた酒器や看板を見せてもらったりして、「店の奥でちょいと一杯」ってやつを体験したかったなぁとつくづく思う。

昭和50年代、食品衛生法に基づいた営業許可が義務付けられると、取引先の飲食店への遠慮もあって、酒場を閉じる店が増えた。さらに近年、公共の場での飲酒取り締まりが厳しくなって、酒屋さんの店頭で気軽に試飲…というのがますます難しくなりつつある。

大井川鉄道の五和駅そばにある中屋酒店は、現店主片岡博さんで6代目。昭和50年代に保健所の検査をきちんと受けて営業許可を取り、コップ酒場の伝統を守ってい

金谷

中屋酒店／中屋酒店コップ酒場

オーナーは、金谷でかつて醸された地酒「新ら玉」の分家で、醤油醸造業を営んでいた片岡家。6代目片岡博さんは地酒をはじめこだわり調味料や加工食品を充実させ、オリジナル酒「かなや日和」を生み出した。店の奥に併設されたコップ酒場は五和地区唯一の憩いの場。

【取扱銘柄】
県内／若竹、志太泉、正雪、英君、臥龍梅、小夜衣、開運、白隠正宗

島田市横岡新田228
TEL.0547-45-3208　FAX.0547-45-3217
http://nakayasake.eshizuoka.jp/
営業／8:00〜21:00　酒場／16:00〜21:00
定休／火曜　P／有

る。近隣に居酒屋らしき店がなく、ここが唯一の盛場なのだ。

16時の開店と同時に待ち構えた常連がのれんをくぐり、家族代々のお馴染みさんもやってくる。19時を過ぎる頃には若者や、遠路電車でやってくる地酒ファンの姿も。地酒は1杯300円。「どれだけ飲み食いしても3000円でお釣りが来るよ」と常連さん。その手軽さと、昭和の匂い漂う人情味あふれるコップ酒場の雰囲気が、どんな世代も惹きつける。

地酒に惚れ込んで一生懸命営業する酒屋の主人が、「とにかく飲めばわかる」と酒盃を勧めたくなる気持ちはよく分かる。飲み手にしても、その場でいろいろ飲み比べて買えたら最高だ。最近では若い酒販店主が、店に併設、あるいは駅前の交通至便な場所で自ら酒場を経営するというケースが増えてきた。

熱海

八木酒店／立ち飲み酒場・八木鳥店

昭和初期の創業。平成24年（2012）にリニューアルした店内では3代目八木孝浩さんが静岡銘柄に特化したラインナップを紹介。立ち飲み酒場「八木鳥店」は地元客と観光客の交流の場となっている。

【取扱銘柄】

県内／初亀、開運、正雪、白隠正宗、高砂、喜久酔、杉錦、英君、出世城、君盃、臥龍梅

熱海市下多賀1424-2
TEL.0557-68-1047　FAX.0557-68-1595
http://www.yagisaketen.co.jp/
営業／八木酒店9:00〜21:00　八木鳥店17:00〜22:00
定休／八木酒店:水曜　八木鳥店:月曜・第1水曜　P／2台

熱海の多賀にある八木酒店は、店舗をリニューアルした平成24年（2012）に、隣接する倉庫を改築して焼き鳥酒場を開いた。レトロなインテリアの店内は、まさに昭和の立ち飲み酒場。店主の八木孝浩さんは当初、地元の人に立ち寄ってもらえる店を、と考えていたそうだが、週末は静岡の地酒お目当ての観光客もやってくるという。朝から深夜まで奔走する多忙な生活の中でも、惚れた酒を語って飲ませて売ることを、心から愉しんでいる。

沼津駅南口の近くには、酒・ながしまが経営する焼き鳥店「鳥やき作右衛門」がある。オーナー長島玲美さんと女性スタッフだけで切り盛りする店内は清潔感にあふれ、銘酒と焼き物メニューをゆっくりと味わえる。「定期的に蔵元を招いて地酒の会を開催する場所が欲しかった」という長島さん。沼津には焼き鳥の名店が多いそうだが、地

沼津

酒・ながしま／鳥やき作右衛門

昭和44年（1969）創業。店主長島暢泰さんは茶道東海流家元でもある。妻の幸子さんは1984年創立の「日本酒党」第4代総裁。娘の玲美さんは沼津駅前で「鳥やき作右衛門」を経営。家族ぐるみで地域の酒・茶・食の文化を支える。

【取扱銘柄】
県内／磯自慢、喜久酔、國香、正雪、開運、臥龍梅、若竹
県外／越乃寒梅（新潟）、雪中梅（新潟）、〆張鶴（新潟）、山形正宗（山形）、田酒（青森）、浜千鳥（岩手）　他

■酒・ながしま
沼津市末広町48
TEL.055-962-5738　FAX.055-962-0953
営業／平日9:00～19:00 日・祝12:00～18:00　定休／月曜　P／2台

■鳥やき作右衛門
沼津市三枚橋町15-1
TEL.055-941-7075　営業／17:00～21:30　定休／月曜

酒のラインナップではピカイチだ。

　掛川駅北口の近くある「酒縁すぎむら」は、酒のすぎむらが創業100周年を記念して平成27年4月に開店した店。ここも目玉は生産者から直接仕入れる一黒軍鶏。一羽買いするのでさまざまな部位を味わえる。オーナー杉村一浩さんは「どんなリーズナブルな酒でも、自分たちプロが知っている飲み方、店の雰囲気、厳選した酒肴の総合力で他では味わえない酒にし、提供したい」と熱く語る。

　酒販店が経営する酒場のよさは、酒の管理や価格面でのアドバンテージはもちろんだが、何より、メニューの主役が〈酒〉であること。酒を主役としたつまみや、酒を楽しむための空気感に満ち溢れている。これから酒の飲み方を知りたい、酒場慣れしたいという若い人にはとくにお勧めしたい。

掛川

酒のすぎむら／酒縁すぎむら

大正5年（1916）創業。スーパー並みの店舗と駐車場を持つ地酒専門店。地元の高天神コシヒカリを使った「開運夢仕込み」、俳優田中泯さんが育てたヒノヒカリ原料の「御日待家」等貴重なPB酒も揃う。創業100周年記念で居酒屋『酒縁すぎむら』を掛川駅前に開店した。

【取扱銘柄】
県内／開運、國香、喜久酔、小夜衣、初亀、英君、正雪、若竹
県外／大山（山形）、麒麟山（新潟）、嘉美心（岡山）　他

■酒のすぎむら
掛川市大坂456-3
TEL.0537-72-2575　FAX.0537-72-4990　http://www.sa-ke.jp/
営業／9:00〜19:00　定休／水曜　P／15台

■酒縁すぎむら
掛川市中央1丁目4-2
TEL.0537-28-8175　090-7313-7755　営業／17:00〜3:00　定休／日曜

地酒の魅力、教えます
～カルチャー講座開講の酒販店

私が平成8年（1996）にしずおか地酒研究会を結成したときの活動テーマは「造り手・売り手・飲み手の和」。立場は違えど地元だからこそ顔の見える交流ができる、それこそが酒文化のベースになると考えた。中でも要となるのは売り手（酒販店）。蔵元と消費者をつなぐ、大切な橋渡し役である。私の会でも酒販店主に協力を仰ぎ、県内各地域で試飲会や蔵見学等を行ってきた。こうした酒販店の中には、店のお客様に地酒伝道するだけでなく、店の外へ出向き、積極的に酒の語り部になった人もいる。

丸河屋酒店（静岡）の河原崎吉博さんは平成14年（2002）からSBS学苑パルシェ校で毎月「日本酒の楽しみ方」「日本酒の極め方」の2講座を持つ。これまでの受講人数は延べ1000人近く。駅ビルという立地のよさもあって、仕事帰りに居酒屋に寄る気分で試飲を楽しむ常連受講生もいる。唎き酒の訓練では銘柄を伏せた酒を試飲し、各自が自分の言葉で意見交換する。講師が一方的にウンチクを述べるというよりも、皆が対等に発見や理解を深めていくフランクな講座だ。

銘酒処すずき酒店（清水）の鈴木詔男さんも平成14年からSBS学苑沼津校の日本酒講

座を受け持っている。基礎編、蔵元ゲスト編、用語解説編、酒と水の解説編、唎き酒解説編など、バラエティに富んだテーマで受講生を楽しませる。鈴木さんは利き酒師、日本酒コーディネーターとしても幅広く活躍している。

ワイン&リカーズSONE（藤枝）の曽根克則さんは、SBS学苑藤枝校で「ワイン講座」「蔵見学講座」の講師を務めるほか、藤枝市のまちゼミの会（得する街のゼミナール）を開催し、多くの人に門戸を開いている。銘醸地志太のお膝元だけに、この地域の酒がなぜ美味いかを飲み比べて知る貴重な機会にもなる。

地酒かたやま（浜松）の片山克哉さんはNHK文化センター浜松教室で「粋に楽しむ日本酒講座」の講師を務める。ある回では本醸造と純米酒、火入れした純

静岡

丸河屋酒店

昭和39年創業、静岡の職人の町田町にある地域密着の酒屋さん。現店主·河原崎吉博さんは酒の販売と出前講座を両輪に、地酒伝道師として長年活躍する。SBS学苑パルシェ校のほか独自に日本酒ナビゲーター通信講座を開講中。

【取扱銘柄】
県内／君盃、萩錦、杉錦、白隠正宗、高砂、富士正、小夜衣、金明、開運、富士錦
県外／鶴齢（新潟）、七田（佐賀）、白鷹（兵庫） 他

静岡市葵区田町2-104
TEL.080-5100-7817 FAX.054-255-1974 http://www.marukawaya.com/
営業／9:30〜18:30 定休／日曜祝日

米吟醸と純米生原酒を唎き当てるというテストを行い、参加者がゲーム感覚で楽しんだ。ラベルに書かれた情報だけでは酒の良し悪しは判断できないことを参加者は実感していた。「官能は大切。その裏打ちとなる知識や想像力があれば、さらに日本酒ワールドは広がる」と片山さんは力を込める。

篠田酒店（清水）の萩原和子さんは朝日テレビカルチャー清水スクールで「日本酒きき酒講座」を受け持つ。日頃、篠田酒店ドリームプラザ店の〝看板娘〟を務める萩原さんのモットーは、〝未知との出会い〟の演出。静岡と全国の厳選銘柄から初出し商品や変化球のラインナップを解説する。女性が気負わず参加できるのも萩原さんの人柄ゆえだろう。

このほか、酒販店が単独で試飲イベントを主催したり、取引先の飲食店を会場に定期的に蔵元を囲む酒の

清水

銘酒処 すずき酒店

昭和7年創業。4代目鈴木詔男さんは平成14年（2002）からSBS学苑沼津校の日本酒講座を務めるほか、平成18年には第2回世界きき酒師大会東海中部ブロック優勝の実績を活かし、出張講座や試飲イベントの企画プロデュースを手掛ける。

【取扱銘柄】

県内／富士錦、高砂、杉錦、喜久酔、小夜衣、開運

県外／金寶（福島）、田村（福島）、山法師（山形）、龍勢（広島）、龍力（兵庫）他

静岡市清水区西久保522
TEL.054-366-5773　FAX.054-366-5772　http://www.sake.ecnet.jp/
営業／9:00〜19:00　定休／日曜　P／1台

会を開催するケースも増えてきた。次頁以降の酒販店リストを参考にし、ぜひ「行きつけの酒販店」をつくってほしい。顔馴染みの店主が増える分、確実に美味しくて面白い地酒に出合うチャンスも増幅するはずだ。

【各講座の問合せ】

●SBS学苑

http://www.sbsgakuen.com/

パルシェ校／TEL 054-253-1221

イーラde沼津校／TEL 055-963-5252

藤枝校／TEL 054-644-5103

●NHK文化センター浜松教室

TEL 053-451-1515

●朝日テレビカルチャー清水スクール

TEL 054-351-8441

藤枝

ワイン&リカーズSONE

店主曽根克則さんはフランス食品振興会認定コンセイエの資格を持つワインアドバイザー。先代が開拓した地酒とともに、こだわり醸造酒を丁寧に紹介する。藤枝4蔵のラインナップの充実ぶりは志太地区でも指折り。

【取扱銘柄】
県内／杉錦、志太泉、初亀、喜久酔、若竹、正雪、開運
県外／司牡丹（高知）、大山（山形）、一ノ蔵（宮城）、大七（福島） 他

藤枝市駅前2-14-23
TEL.054-641-1030 FAX.054-644-3881
営業／9:00〜20:00 定休／月曜 P／コインPチケット進呈

酒販店主に聞いた！

地酒の心得

〈其の一〉　購入した酒は新聞紙に包んでおく。

〈其の二〉　未開封の酒は冷蔵すれば品質保持できる。香りを楽しむ吟醸酒は冷蔵保存がベター。

〈其の三〉　開封したら1週間ぐらいで飲み切るのがベター。一升瓶なら小瓶や冷茶ポット等に小分けし、冷蔵する。

〈其の四〉　常温で置くと品質変化しやすいが精米歩合や製造方法によっては変化が楽しめる酒もある。どちらがおススメか酒販店主に確認！

〈其の五〉　盃の形状や素材によって味わいがふくらむ。（次頁参照）

浜松

地酒かたやま

JR浜松駅から徒歩圏内にある地酒専門店では随一の品揃え。店主片山克哉さんは趣味のジャズの知識を活かして地元コミュニティFMでパーソナリティを務めるほか、ライブもこなす音楽の達人。店の壁に刻まれたビッグミュージシャンのサインが光る。

【取扱銘柄】

県内／開運、初亀、國香、喜久醉、志太泉、正雪、白隠正宗、小夜衣、臥龍梅、英君、高砂、若竹、天虹、葵天下、富士錦

県外／白露垂珠（山形）、鯉川（山形）、雪の茅舎（秋田）、阿櫻（秋田）、鶴齢（新潟）、至（新潟）、雑賀（和歌山）、神雷（広島）、南（高知）、七田（佐賀）　他

浜松市中区砂山町510-9
TEL.053-453-1791　FAX.053-454-1198　http://www.sake-jazz.com/
営業／9:00～20:00　定休／日曜　P/3台

盃の選び方〈形状の違い〉

①ストレート型／口径が小さく細長いタイプ……すっきり&香りひかえめの酒

②ラッパ型／口径が広がっているタイプ……味が軽く香りが高い酒

③腰ハリ型／腰が張ったお碗タイプ……味がしっかり&香りひかえめの酒

④ツボミ型／口径小さく下部がふんわりタイプ……味がしっかり&香りの高い酒

盃の選び方〈素材の違い〉

●磁器／温度が変化しやすいので、なるべく小ぶりのお猪口で。大ぶりの器なら少量注ぐ。

●焼きしめ／酒の温度があまり変わらない。冷酒はいつまでも冷たく、燗酒はいつまでも温かい。

●錫／酒の雑味を除き、まろやかな味わいになる。抗菌性・熱伝導がよく、錆びや腐食に強い。古来、寺社仏閣で錫の御神酒徳利が使われ、宮中では今でもお酒を「おすず」と呼ぶ。

清水

篠田酒店

店主篠田和雄さんは昭和57年（1982）家業に入り、開運大吟醸で地酒に開眼して以来、蔵元を直接訪ねて数多くの銘醸から信頼を得た。毎年恒例の「蔵元を囲むしのだ日本酒の会」は40回を超え、エスパルスドリームプラザ1階の支店では試飲コーナーも。

【取扱銘柄】

県内／開運、磯自慢、國香、初亀、喜久醉、正雪、杉錦、志太泉、小夜衣、金明、臥龍梅、高砂　他

県外／豊盃（青森）、栗駒山（宮城）、綿屋（宮城）、くどき上手（山形）、上喜元（山形）、雪中梅（新潟）、義侠（愛知）、松の司（滋賀）、亀泉（高知）　他

静岡市清水区入江岡町3-3
TEL.054-352-5047　FAX.054-352-9970　http://shinoda-saketen.com/
営業／9:00～20:00　定休／日曜・祝日　P／5台

南伊豆

酒匠蔵しばさき

店主山本清治さんはいわゆる観光土産酒ではなく酒質重視で選んだ静岡酒を揃える信念の人。地元のホテル旅館主にも「県外のお客様に最高の地酒を」と熱心に伝道し続ける。南伊豆原産の古代米・愛国を志太泉酒造で醸したPB酒「身上起」をプロデュースした。

【取扱銘柄】
県内／磯自慢、喜久酔、志太泉、杉錦、初亀、開運、正雪、英君、臥龍梅

賀茂郡南伊豆町上賀茂44-2
TEL.0558-62-0026　FAX.0558-62-0044
http://ee26.com/
営業／9:00〜19:00　定休／隔週火曜　P／5台

下田

つちたつ酒店

昭和49年（1974）創業、河津町に近い下田の山間にある地酒専門店。現店主土屋隼人さんは地酒商いに汗を流す両親の背を見て育ち、18歳で家業に入り、20年地酒ひと筋。観光地とは思えない充実ラインナップで酒通から観光客まで幅広い客層を唸らせる。

【取扱銘柄】
県内／高砂、開運、喜久酔、國香、英君、正雪、花の舞
県外／醸し人九平次（愛知）、出羽桜（山形）、伯楽星（宮城）　他

下田市箕作557-1
TEL.0558-28-0273　FAX.0558-28-0681
http://www.tutitatu.com/
営業／8:30〜19:30　定休／無休　P／3台

東伊豆

吟酒むらため

東伊豆の稲取温泉街にある地酒専門店。稲取漁港で水揚げされる新鮮な海産物と相性のよい静岡酒を取りそろえ、地域食で観光町おこしをはかる稲取を牽引する。杉錦で醸したＰＢ酒「雛酔桜」はキンメダイ料理との食べ合わせがバツグン。

【取扱銘柄】
県内／杉錦、國香、開運、喜久酔、正雪、志太泉、白隠正宗、英君、臥龍梅

賀茂郡東伊豆町稲取1279-1
TEL.0557-95-2640　FAX.0557-95-3684
http://muratame.com/
営業／9:00～20:00　定休／水曜　P／2台

伊東

今井商店

ＪＲ伊東駅前の湯の花商店街にある和酒専門店。地酒、本格焼酎、国産ワイン等常時２００種以上をそろえ、観光客から地元酒通まで幅広いファンに支持される。店主今井一行さんは「酒造りが多様化し、若い人にもさまざまなタイプの酒を勧められる」と手応えを語る。

【取扱銘柄】
県内／高砂、正雪、初亀、磯自慢、喜久酔、若竹、開運、志太泉、英君

伊東市猪戸1-4-17
TEL.0557-37-2915　FAX.0557-38-3252
http://www.imaishouten-sake.com/
営業／9:30～ 19:00　定休／水曜
P／お買い上げ金額に応じてチケット進呈

伊豆の国

三島屋酒店

伊豆長岡駅に近い国道１３５号線沿いにある地酒専門店。２代目店主渡辺和夫さんは２００１年、韮山反射炉を築いた江川英龍ゆかりの伝統酒『江川酒』を復活させた。韮山反射炉が世界文化遺産に選ばれたことで注目が集まる。

【取扱銘柄】
県内／開運、初亀、正雪、英君、葵天下、喜平、萬耀
県外／久保田(新潟)他、日本名門酒会加盟銘柄

伊豆の国市南條741-1
TEL.0120-491-659　FAX.055-949-1659
http://www.mishimaya.sake-ten.jp/
営業／9:00〜19:00　定休／日曜　P／3台

沼津

丸茂 芹澤酒店

沼津永代橋の近くにある庶民的な酒屋さん。店主芹澤直茂さんが２０１１年から始めた「沼津日本酒フェス」は、一大イベントに成長。蔵元・飲食店・消費者のつなぎ役として、ますます活躍中。

【取扱銘柄】
県内／白隠正宗、金明、萬耀、高砂、正雪、英君、臥龍梅、杉錦、志太泉、若竹、小夜衣、葵天下、開運
県外／陸奥八仙(青森)、上喜元(山形)、阿部勘(宮城)、羽根屋(富山)、こんな夜に(長野)、十六代九郎右衛門(長野)　他

沼津市吉田町24-15
TEL 055-931-1514　FAX 055-932-8230
http://www.sakuyahime.co.jp/
http://marushigesake.com/
営業／9:30〜20:00　定休／日・祝日　P／3台

沼津

松浦酒店

ＪＲ沼津駅南口から歩いて３分の地酒専門店。路面店の立地を活かして毎月さまざまな試飲イベントを行なっている。地元沼津の白隠正宗＆ベアードビールの品ぞろえは必見。

【取扱銘柄】

県内／金明、萬耀、白隠正宗、高砂、富士錦、英君、正雪、臥龍梅、杉錦、志太泉、若竹、小夜衣、開運、葵天下、花の舞

県外／楯の川（山形）、出羽桜（山形）、白瀧（新潟）、雪の茅舎（秋田）、真澄（長野）、日高見（宮城）、南部美人（岩手）　他

沼津市大手町3-9-1
TEL.055-962-0538　FAX.055-952-0277
http://www.11sake.com/
営業／9:30～19:30　定休／水曜　P／1台

沼津

リカーハウスたけなか

沼津御用邸に程近い郊外にある洋館風のリカーハウス。本格焼酎と地酒の品ぞろえでは沼津でピカイチ。ワインアドバイザーでもある店主竹中綾さんがオールラウンドに紹介してくれる。

【取扱銘柄】

県内／白隠正宗、志太泉、金明、高砂、正雪、開運、喜久醉、初亀、若竹、葵天下、英君

県外／鳳凰美田（栃木）、紀土（和歌山）、山城屋（新潟）、ロ万（福島）、奥播磨（兵庫）　他

沼津市下香貫汐入2173-3
TEL 055-931-0990　FAX 055-933-1853
http://www.shouchuu.com/
営業／9:30～19:00　定休／日曜　P／5台

函南

丸屋酒店

昭和45年（1970）創業。県内酒販店屈指の唎き酒名人として知られる店主大川博之さんは、数々の鑑評会で審査員も務める。一銘柄を多品種そろえ、試飲もある。何度でも通いたくなる店だ。

【取扱銘柄】
県内／初亀、白隠正宗、開運、喜久醉、若竹、高砂、英君、正雪　他
県外／まんさくの花（秋田）、雅山流（山形）、日高見（宮城）、大七（福島）、鶴齢（新潟）、澤屋まつもと（京都）　他

田方郡函南町間宮571-4
TEL.055-978-5010　FAX.055-978-8020
http://izu-maruya.com/
営業／8:30〜20:00　定休／月曜　P／5台

三島

内田酒店

大正14年（1925）創業の老舗酒店。3代目内田明夫さんが県東部の地酒伝道に努める。店頭では妻の知子さんが笑顔で接客。地元産甘藷で杉井酒造に製造委託した三島焼酎「チットラッツ」も人気。

【取扱銘柄】
県内／磯自慢、臥龍梅、正雪、開運、志太泉、白隠正宗、國香、金明、富士錦
県外／浦霞（宮城）、〆張鶴（新潟）、越乃寒梅（新潟）、八海山（新潟）、七笑（長野）、大那（栃木）　他

三島市中央町6-11
TEL.055-975-0664　FAX.055-975-0672
http://www.uchidasaketen.jp/
営業／8:00〜18:30　定休／日・祝日　P／5台

御殿場

泉屋酒店

シニアワインアドバイザーの店主勝俣繁さんによる厳選ワインの店として知られ、日本酒も勝俣さんが食中酒としての魅力を基準にセレクト。温度の違いによる味の変化、熟成の面白さ等についてたっぷり解説してくれる。

【取扱銘柄】
県内／金明、喜久酔、杉錦
県外／大那（栃木）、群馬泉（群馬）、武勇（茨城）、神亀（埼玉）、三井の寿（福岡）、黒牛（和歌山）　他

御殿場市新橋1827-7
TEL.0550-82-0315　FAX.0550-83-5515
http://izumiya.eshizuoka.jp/
営業／10:00～21:00　定休／火曜　P／有

御殿場

しまだ酒店

JR御殿場駅からほど近い幹線道路沿いにあり、日本酒、本格焼酎、梅酒、国産ワイン、国産リキュールなど和酒にこだわった品ぞろえ。ビールは世界各地の銘柄を取りそろえる。

【取扱銘柄】
県内／金明、正雪、喜久酔、英君、若竹、志太泉、開運、富士錦、高砂、臥龍梅　他
県外／いずみ橋（神奈川）、丹沢山（神奈川）、千代むすび（鳥取）、雨後の月（広島）、杉勇（山形）　他

御殿場市川島田 618
TEL.0550-82-0046　FAX.0550-83-7511
http://www.shimadasaketen.co.jp/
営業／9:00～20:00　定休／日曜　P／2台

御殿場

酒のいわせ

御殿場には地酒が呑める地産地消の名店が増加中で、店主岩瀬克哉さんはその立役者の一人。2010年にリニューアルした店内では魅力的なラインナップと妻陽子さんがセレクトした酒器が並ぶ。毎年夏に開催する地酒試飲会も大盛況。

【取扱銘柄】
県内／金明、白隠正宗、初亀、喜久酔
県外／黒龍(福井)、醴泉(岐阜)、澤の花(長野)、相模灘(神奈川)、美丈夫(高知)、紀土(和歌山)

御殿場市川島田445-1
TEL.0550-82-2009　FAX.0550-82-4870
http://www.sakenoiwase.com/
営業／平日8:30〜20:00　日・祝9:00〜19:30
定休／火曜　P／4台

富士宮

酒舗よこぜき

造り・味・価格に信頼の置ける地方銘柄を地道に発掘し続け、全国の銘醸から「静岡県によこぜきあり」と云わしめる地酒の名店。県内酒販店主から尊敬を集める横関金夫さん勝子さん夫妻に、娘婿の石塚康一郎さんが加わり、酒販道に磨きがかかる。

【取扱銘柄】
県内／磯自慢、英君、若竹、開運、喜久酔、國香、小夜衣、正雪、高砂、白隠正宗、初亀、富士錦
県外／新政(秋田)、十四代(山形)、飛露喜(福島)、雨後の月(広島)、王祿(島根)　他

富士宮市朝日町1-19
TEL.0544-27-5102　FAX.0544-23-8888
http://www.yokozeki.info/
営業／平日8:30〜19:00　日・祝日10:00〜18:00
定休／月曜、毎月最終日曜　P／有

富士

リカーショップ・オオタニ

富士市郊外で40年。地下にワインセラーを持つ地酒専門店として親しまれ、現在は2代目店長大谷尚子さんが元酒造会社社員の夫と二人三脚で切り盛り。日本酒は静岡県を中心に日本名門酒会加盟銘柄、ワインはイタリアやスペイン産、ビールは沼津のベアードビールを推す。

【取扱銘柄】
県内／志太泉、英君、富士錦、高砂、若竹
県外／十二六(長野)他、日本名門酒会加盟銘柄

富士市厚原476-6
TEL.0545-71-6155　FAX.0545-71-6115
http://www.l-ootani.com/
営業／9:30〜20:30　定休／日曜　P／3台

富士

植田酒店

新富士駅に近い住宅街にある地酒専門店。明治35年（1902）に米穀店として創業し、戦前はキンシ正宗特約店として繁盛。4代目現店主植田昌宏さんが静岡酒の販路を熱心に開拓した。富士宮や清水のこだわりパンや焼き菓子の曜日限定販売も。

【取扱銘柄】
県内／正雪、英君、志太泉、杉錦、白隠正宗、喜久酔、開運、喜平、金明、高砂、富士錦

富士市宮島508
TEL.0545-61-0027　FAX.0545-64-3410
営業／7:00〜19:30　定休／日曜　P／7台

富士

中山酒店

昭和57年（1982）開業、吉原商店街の東端で堅実に商売を続ける地域密着の酒屋さん。田植えから企画したPB酒「うみゃあ酒」は平成4年（1992）から続くロングセラー。

【取扱銘柄】
県内／富士錦、喜久酔、志太泉、高砂、若竹
県外／日本名門酒会加盟の銘柄

富士市吉原1-8-8
TEL.0545-52-1422　FAX.0545-53-0066
営業／9:00〜20:30　定休／日曜　P／2台

蒲原

幸せの酒 銘酒市川

JR新蒲原駅東の線路沿いにある地酒専門店。店主市川祐一郎さんは地酒の価値を告知する手段を模索し、全国でもいち早く平成8年（1996）からネット通販を始め、IT酒販店の雄として注目を集める。

【取扱銘柄】
県内／正雪、英君、臥龍梅、喜久酔、杉錦、國香、高砂
県外／獺祭（山口）、緑川（新潟）、越乃寒梅（新潟）、雁木（山口）、陸奥八仙（青森）　他

静岡市清水区蒲原40-3
TEL.054-385-2619　FAX.054-388-3397
http://www.e-sakaya.com/
営業／9:00〜19:30　定休／日・祝日　P／5台

清水

久保山酒店

ＪＡしみず庵原支店前の看板が目立たないモダン住宅のような店構え。店内には低温調整された日本酒専用フロアがある。３代目久保山貴由さんは毎年夏に駿河湾カーフェリー船上大試飲会を主催したり、取引先飲食店主催の試飲会などもプロデュースする名プランナーだ。

【取扱銘柄】
県内／初亀、喜久酔、杉錦、志太泉、臥龍梅、正雪、英君、白隠正宗、金明、開運、高砂、小夜衣
県外／而今（三重）、写楽（福島）、山和（宮城）、黒龍（福井）、紀土（和歌山）、飛露喜（福島）、ちえびじん（大分） 他

静岡市清水区庵原町169-1
TEL.054-366-7122 FAX.054-366-7175
http://www.kubo-yama.com/
営業／9:00〜20:00 定休／日曜・祝日 P／3台

清水

酒楽舎にしがや

明治35年（1982）創業の老舗。４代目西ヶ谷里美さんは酒屋さんでの買い物が楽しくなるようにと、地酒の品揃えはもちろん、酒器や雑貨などの小物類も充実させている。息子の太一さんは英君酒造で酒造りの修業中。

【取扱銘柄】
県内／臥龍梅、英君、正雪、喜久酔、國香、高砂、志太泉、開運、千寿
県外／真澄（長野）、八海山（新潟）、越乃景虎（新潟） 他

静岡市清水区辻2-12-9
TEL.054-366-5465 FAX.054-366-5500
http://syurakusya.jp/
営業／9：30〜20：00 定休／月曜 P／3台

静岡

ヴィノスやまざき

地方の小売酒販店による世界ワインの直輸入というビジネスモデルを確立した全国屈指の名店。先代山崎巽さんが無名時代の静岡の酒を全力で売り切った姿勢が原点だ。静岡本店奥にある地酒コーナーの充実ぶりは何十年経ても変わらない。

【取扱銘柄】
県内／磯自慢、初亀、喜久醉、國香、安倍の雫、杉錦、正雪、開運、志太泉
県外／三千盛（岐阜）、誠鏡（広島）、菊姫（石川）、〆張鶴（新潟）　他

静岡市葵区常磐町2-2-13
TEL.054-251-3607　FAX.054-221-0288
http://www.v-yamazaki.co.jp/
営業／平日10:00〜21:00　日・祝10:00〜20:00
定休／無休　P／10台

静岡

ラ・ソムリエール長谷川和洋酒

JR静岡駅前の御幸町通りに2014年7月オープン。女性が一人でフラッと入れるおしゃれなリカーショップ&バーで、オーナーは長谷川和洋酒（葵区新通）。ワインが中心、日本酒はオール静岡酒。気に入ったらその場で購入できるのがうれしい。

【取扱銘柄】
県内／出世城、臥龍梅、英君、富士錦、正雪、杉錦

静岡市葵区御幸町7-5
TEL・FAX.054-266-5085
営業／平日12:00〜22:00　日・祝10:00〜18:00
定休／不定休　P／なし

静岡

松永酒店

店主松永俊宏さんは静岡県を代表する静岡吟醸の伝道師の一人。松永さんに教えを乞い、酒修業した飲食店主や県外の静岡酒ファンも数知れず。私もその一人だ。静岡酵母の酒の特徴を熟知し、的確な熟成管理のできるプロである。

【取扱銘柄】
県内／白隠正宗、英君、初亀、磯自慢、喜久醉、小夜衣、天虹、志太泉、杉錦、國香　他

静岡市葵区五番町5-9
TEL.054-252-3465　FAX.054-273-7122
http://www5a.biglobe.ne.jp/~sakasho/
営業／9:30〜19:30　定休／日曜・祝日　P／1台

静岡

長島酒店

店主長島隆博さんはフランス国家資格のワインきき酒師DUAD称号を持つ。店頭での日本酒とワインの品ぞろえは県内でも群を抜く。飲食店への啓蒙活動にも長年取り組み、酒文化の醸成に努める。

【取扱銘柄】
県内／金明、高砂、英君、正雪、臥龍梅、天虹、萩錦、初亀、磯自慢、杉錦、喜久醉、志太泉、若竹、小夜衣、開運、花の舞
県外／神亀（埼玉）、睡龍（奈良）、独楽蔵（福岡）、るみ子の酒（三重）　他

静岡市葵区竜南1-12-7
TEL.054-245-9260　FAX.054-245-9252
http://nagashimasaketen.jimdo.com/
営業／10:00〜20:30　定休／火曜　P／5台

静岡

野中酒店

昭和50年代に食料品店として開業し、現店主野中勲さんが平成3年頃から地酒に特化。先代から取り引きのある國香をはじめ「味のバランスがよく、飲み飽きしない酒」をそろえる。酒屋の原点に戻ろうと、年末限定企画で志太泉の樽酒量り売りを行なっている。

【取扱銘柄】
県内／國香、志太泉、喜久醉、若竹、杉錦、小夜衣、開運、英君
県外／洌(山形)、白露垂珠(山形)、春霞(秋田)、あぶくま(福島)、小左衛門(岐阜)、石鎚(愛媛)　他

静岡市駿河区鎌田96-1
TEL.054-259-8903
http://nonakasaketen.eshizuoka.jp/
営業／9:00～21:00　定休／無休　P／3台

静岡

鈴木酒店

昭和元年創業。3代目鈴木誠さんはＩＴ関連企業でウェブ制作の経験があり、酒のタイプに合わせた萌えキャラを考案してオリジナルラベル酒を売り出し、アニメオタクの地酒ファンという新しい客層を開拓した。イレギュラーで〝裏飲み会〟開催中。

【取扱銘柄】
県内／英君、臥龍梅、志太泉、杉錦、萩錦、天虹、若竹、正雪、開運、富士錦

静岡市駿河区豊原町9-20
TEL・FAX.054-285-1926
http://www.sake-online.com/
営業／9:00～21:00　定休／無休　P／2台

焼津

リカーズ・グリーン

もともとは焼津の地酒『鼎鶴』の蔵元・大塚醸造。先々代が焼津中港で酒の小売りを始め、先代が現在地に移転。3代目大塚洋平さん春苗さん夫妻が県内酒に特化した店に育て上げた。焼津港にちなんだオリジナル酒『大漁』などユニークな酒にも注目。

【取扱銘柄】
県内／磯自慢、初亀、喜久酔、志太泉、杉錦、若竹、臥龍梅、正雪
県外／仙介(兵庫)

焼津市中新田251-3
TEL.054-624-3210　FAX.054-623-6754
http://green.ocnk.net/
営業／9:00〜20:00　定休／木曜　P／10台

焼津

松風屋酒店

店主小倉英祐さんの祖父の代から志太の地酒を丁寧に商っている。平成3年（1991）に店を継いだ小倉さんは扱う志太酒のおいしさに改めて感動し、地酒ひと筋に。焼津酒販業を支える若手旗手の一人だ。

【取扱銘柄】
県内／磯自慢、初亀、杉錦、志太泉、喜久酔、若竹、金明、白隠正宗、高砂、英君、正雪、臥龍梅、天虹、小夜衣、開運、國香　他
県外／醴泉(岐阜)、美丈夫(高知)　他

焼津市本町6-9-7
TEL.054-628-4235　FAX.054-628-6167
営業／8:00〜20:00　定休／日曜　P／3台

焼津

酒蔵いとう

創業130年、トコトン元気な4代目伊東規江さんは、私も何かと頼りにする〝姐さんキャラ〟でファン多し。カウンター回りには駄菓子コーナー、酒の冷蔵庫には志太地域の酒を中心に県内銘柄がほぼそろう。

【取扱銘柄】
県内／高砂、正雪、英君、天虹、初亀、磯自慢、杉錦、志太泉、喜久醉、若竹、小夜衣、開運、千寿
県外／出羽桜（山形）、雪の茅舎（秋田）、大七（福島）、天狗舞（石川）、真澄（長野）、蓬莱（岐阜）、誠鏡（広島）、池亀（福岡）　他

焼津市保福島1135
TEL.054-628-4030　FAX.054-628-9247
営業／9:00〜20:00　定休／月曜　P／8台

焼津

地酒やすだや

元酒類卸会社勤務の安田精夫さんと唎き酒師の妻富美子さんの二人三脚で地元の酒を丁寧に売る。富美子さん手作りの店内装飾も楽しい。創業した昭和56年（1981）から一貫して酒質にこだわり、取り扱う銘柄は全ラインナップそろえる。

【取扱銘柄】
県内／磯自慢、喜久醉、志太泉、初亀、國香
県外／久保田（新潟）、八海山（新潟）、越乃景虎（新潟）、上喜元（山形）　他

焼津市道原1181-2
TEL・FAX.054-623-3093
営業／9:00〜20:00（祝日〜18:00）
定休／日曜　P／5台

藤枝

ときわストア

村良橋近くで長年、酒販店と地酒バーを営業し、2015年7月から店主後藤英和さんの自宅横へ移転。配達や出張試飲会を中心に再スタートをきった。酒は個人宅へも配達してくれる（エリアは要相談）。藤枝や静岡の飲食店で定期的に地酒の会を開催中。

【取扱銘柄】
県内／磯自慢、初亀、杉錦、志太泉、喜久酔、若竹、英君、正雪、富士正、白隠正宗　他

藤枝市岡部町村良498-4
TEL.090-3953-4395　FAX.054-667-2960
営業／8:00〜19:00　定休／不定休　P/2台

藤枝

酒のケント

閑静な住宅街や大学キャンパスが広がる藤枝の駿河台。この地で開店30年、店主山本修輔さんは「毎日通える距離の蔵元の酒」をブレることなく紹介し続ける地酒伝道師。同業者や飲食店主からの信頼も篤い。志太の地酒が呑める店選びに迷ったらぜひ相談を。

【取扱銘柄】
県内／初亀、磯自慢、杉錦、志太泉、喜久酔、國香、正雪、開運、金明

藤枝市南駿河台4-11-23
TEL.054-644-5582　FAX.054-644-9380
営業／9:00〜20:00　定休／水曜　P/3台

牧之原

こめや 原口酒店

漁師町地頭方で大正時代に創業、現店主原口佳巳さんで4代目。小夜衣の森本均さんに地酒選びや提供方法を師事し、金明や白隠正宗等個性的な蔵元杜氏の酒をそろえる。1〜2カ月ごとに地元飲食店で地酒の会を開催中。

【取扱銘柄】
県内／小夜衣、金明、白隠正宗、志太泉、葵天下、若竹、千寿、花の舞、天虹
県外／池亀（福岡）、五橋（山口）、秀よし（秋田）、大山（山形） 他

牧之原市新庄1034-1
TEL・FAX.0548-58-0302
https://komeyaharaguchi.com/
営業／9:00〜20:00　定休／日曜　P／4台

袋井

酒ハウス ヤマヤ

袋井市役所前通りにある創業店・酒ハウスヤマヤと、2007年開店の農産物直売市「とれたて食楽部（くらぶ）」内のリカーズプラス1で地酒の伝道に努める店主生駒彰さん。2店を往来しながら自身が選んだ直取り銘柄を、自信を持って紹介する。

【取扱銘柄】
県内／國香、開運、喜久酔、小夜衣、志太泉

酒ハウスヤマヤ
袋井市方丈3-5-5　TEL.0538-42-2541
リカーズプラス1
袋井市山名町3-3 とれたて食楽部内　TEL.0538-44-2441
http://sakehouseyamaya.hamazo.tv/
営業／9:00〜19:00　定休／火曜　P／有り

磐田

リカーランド ヤマヤ

国道150号線沿い、掛塚橋の東にある地域密着の酒販店。蔵元と直接取引の開運、國香、喜久酔を中心に、県内銘柄と本格焼酎をそろえる。ネット販売も行なっているが基本は日常酒を買いに来る地元のお客さん。取引先飲食店で定期的に蔵元を囲む試飲会も開催。

【取扱銘柄】
県内／開運、國香、喜久酔、白隠正宗、正雪、英君、臥龍梅、若竹、小夜衣、千寿、花の舞
県外／蓬莱泉(愛知)　他

磐田市白羽132
TEL.0538-66-2104　FAX.0538-66-2774
http://www.yygenki.com/
営業／9:30〜20:30　定休／水曜　P／3台

磐田

丸中 大橋商店

明治10年（1877）創業の老舗。25年前にリニューアルした蔵構えの店は磐田の見付通り商店街の顔ともなっている。5代目店主大橋剛さんはワインと日本酒両輪で酒文化の伝道に努める。

【取扱銘柄】
県内／國香、喜久酔、開運、初亀、志太泉、英君、小夜衣、葵天下、高砂　他
県外／蓬莱泉(愛知)、鶴齢(新潟)、花垣(福井)、誠鏡(広島)、久保田(新潟)　他

磐田市見付1232-1
TEL.0538-32-5222　FAX.0538-32-5843
営業／9:00〜21:00　定休／水曜　P／5台

浜松

旭屋酒店

浜松の繁華街と郊外の中間に位置し、業務用を中心にフットワークよく地酒伝道に努める店主小林秀俊さん。〝静岡の酒と食彩の応援団〟をキャッチフレーズに、市内飲食店を借りて「月一居酒屋・地ねた屋」を開催している。

【取扱銘柄】
県内／開運、喜久酔、國香、志太泉、杉錦、出世城
県外／大七(福島)、加賀鳶(石川)、七田(佐賀)　他

浜松市東区植松町269-3
TEL 053-461-1400　FAX 053-461-1409
http://www.japan-net.ne.jp/~kobanti/
営業／9:00～21:00　定休／第3日曜　P／3台

浜松

丸味屋酒店

静岡大学工学部正門前の東500mにある地酒専門店。店主梅林和行さんは名刺に「郷土の誇り 静岡県酒」と堂々クレジットするほど県産酒への熱い思いを寄せる。地酒の名店貴田乃瀬とコラボで年3回、蔵元を囲む地酒の会を開催中。

【取扱銘柄】
県内／小夜衣、英君、志太泉、杉錦、開運、正雪、天虹、富士錦、君盃、白隠正宗、臥龍梅、高砂、出世城、花の舞、金明、若竹
県外／金宝(福島)、松の寿(栃木)　他

浜松市中区城北2-23-17
TEL.053-471-5870　FAX.053-474-8069
http://www2.wbs.ne.jp/~marumiya/
営業／平日10:00～20:00　日・祝日16:00～19:00
定休／第3・第5日曜　P／1台

浜松

入野酒販

大井川以西で屈指の規模を誇る地酒専門店。初代榛葉猛さんは平喜酒造岡山蔵で酒造りに関わった経験を持ち、地酒への信念を胸に昭和50年開業。2代目雅弥さん、3代目暁人さんと3代そろって地酒伝道に努める。

【取扱銘柄】
県内／開運、國香、喜久酔、白隠正宗、正雪、英君、臥龍梅、若竹、小夜衣、千寿、花の舞
県外／蓬莱泉(愛知) 他

浜松市中区佐鳴台2-23-3
TEL.053-448-4114 FAX.053-449-3347
http://homepage3.nifty.com/IRINOS/
営業／10:00～20:00 定休／水曜 P／7台

浜松

酒&FOOD かとう

浜松の神久呂小学校前にある純米酒&オーガニック食品（自然食品、無農薬野菜）の店。平成2年の開店以来、一貫して安全安心な食とこだわりの酒をテーマにし、最近では手作り惣菜も人気。地域の老若男女から遠方のスローフード愛好者まで幅広いファンを持つ。

【取扱銘柄】
県内／白隠正宗、高砂、志太泉、杉錦、喜久酔、若竹、開運
県外／黒帯(石川)、五人娘(千葉)、金宝(福島)、瑞冠(広島) 他

浜松市西区神ヶ谷町7873-1
TEL.053-485-3536 FAX.053-485-6516
http://eshoku.com/
営業／9:00～20:00 定休／水曜 P／5台

浜松

酒のうちやま

昭和44年（1969）創業。現店主内山育也さんは学生時代、新潟酒ブームの中で義侠に出会って〝衝撃〟を受け、家業を継いだ平成2～3年頃、静岡酒と出会って地酒の奥深さに開眼。県内外の多種多様なタイプの酒をそろえ、客のニーズに応える。

【取扱銘柄】
県内／初亀、喜久酔、正雪、開運、小夜衣、臥龍梅、白隠正宗、杉錦、志太泉、花の舞、英君
県外／黒龍（福井）、醸し人九平次（愛知）、風の森（奈良）、義侠（愛知）、秋鹿（大阪）、悦凱陣（香川）　他

浜松市中区高丘東4-27-3
TEL.053-436-2764　FAX.053-437-2561
http://www5a.biglobe.ne.jp/~uchiyama/
営業／9:00～20:00　定休／水曜　P／10台

浜松

酒のバオオ

昭和3年（1928）創業。平成3年（1991）現住所への移転をきっかけに地酒に特化し、ファミリー客も楽しめるに店に大転換。店主大場康之さんが描く似顔絵や書が、オリジナルラベル酒やギフトパッケージに人気。年4回の蔵元を招いての酒の会も好評開催中だ。

【取扱銘柄】
県内／志太泉、喜久酔、國香、杉錦、白隠正宗、初亀、開運、高砂、正雪、小夜衣　他

浜松市北区三方原町61-2
TEL.053-439-5877　FAX.053-439-5878
http://baoos.web.fc2.com/
営業／9:00～20:00　定休／木曜　P／5台

参之杯

醸す

志太杜氏―サカヤモンの伝統と継承

喜久醉、満寿一

志太杜氏の歴史

静岡県中部、駿河湾沿いから大井川流域一帯に広がる志太平野は、磯自慢、初亀、杉錦、志太泉、喜久醉、若竹という人気の蔵元が集積する地域。西暦600～700年頃から酒造りの技術を持った帰化人が定住し、神社の祭礼にお供えするお神酒造りを担っていた。

国無形民俗文化財『藤守の田遊び』で知られる大井八幡宮（旧大井川町藤守）では度重なる大井川とその支流の氾濫を鎮める儀礼が盛んに執り行われ、氏子衆の中から酒造りを担う者を多く輩出した。湿地帯が多く裏作ができないため、稲刈りが終わる秋から翌年の田植えまでの半年間、若い男性のほとんどが酒蔵で出稼ぎ。藤守の田遊びはもともと旧暦1月17日に開催されていたが、彼らの都合に合わせて3月17日に変更になったという。実際、藤守の田遊びを全幕通してみると、お神酒をやりとりする演目が多く、農業と酒造業のつながりを強く実感する。

酒造りの技術が確立した江戸時代、関西の酒造り先進地から杜氏がやってきて地元職人を指導した。その中から『志太杜氏』が生まれる。〝サカヤモン〟と呼ばれた彼らは、大正末期から昭和初期の最盛期には末端の蔵人まで含めて100人以上いて、志太地域を始め、静岡県下全域の蔵元に招かれ、隣県山梨や、海を越えてアメリカまで出稼ぎに行った者もいたという。昭和9年（1934）には酒造神・京都松尾大社（注）から大井八幡宮に松尾神社を勧進するほど威勢を誇った。

戦後、経済が復興すると、大井川の伏流水に恵まれた志太地域には大手食品会社や医薬品メーカー等が続々と進出し、地元で働き口が増えたことで酒造職人は激減した。昭和61年（1986）には『満寿一』（静岡）杜氏の横山保作さんが現代の名工に選ばれたが、残念ながら志太杜氏組合は平成元年（1989）9月、77年の歴史に幕を閉じた。

組合所属の最後の志太杜氏は、旧大井川町宗高出身の大塚正市さん。昭和18年（1943）の『士魂』（藤枝）を皮切りに、『小夜衣』（菊川）、『君盃』（静岡）を経て昭和43年（1968）から満寿一で横山さんの補佐を務め、後を継いで職責をまっとうした。その後、満寿一の蔵元増井浩二さんが自ら杜氏となり、大塚さんの技を継承した。

（注）京都の松尾大社は4～5世紀頃、桂川流域を開墾した渡来系氏族の秦氏により松尾山の神として奉斎された。秦氏が酒造を得意としていたことから主祭神の大山咋神が醸造祖神として全国の酒造家の信仰を集める。

継承者・青島孝さん

横山保作さんにはもう一人、田中政治さんという弟子がいた。横山さんと同郷の藤守出身。『喜久酔』（藤枝）の蔵元杜氏青島孝さんを後継者に指名した。

昭和39年（1964）、青島酒造の長男として生まれた青島さんは、父の青島秀夫社長から「蔵は継がなくてよい、学校だけは出してやるから自分の道は自分で決めろ」と言われて育った。酒造業は当時、構造不況業といわれ、地方の中小酒蔵は、灘や伏見の大手酒造会社の下請けで何とか生き延びていた時代。青島さんは大手証券投資顧問会社に就職した後、ニューヨークに渡り、巨万の額の金融商品を動かすファンドマネージャーになった。

世界中からさまざまな人種が集まるニューヨークでは、否応なしに自らのアイデンティティにさらされる日々を送っていたが、ある時体調を崩して1週間ほど休み、自分のデスクに別の人間が入って何の支障もなく業務をこなしていたことにショックを受け、はたと立ち止まった。「日本人らしく、ひとつのものをじっくり育てる、チームで作る価値を改めて考えた。そのうちに、実家で両親がやっている酒造りが愛おしいものに感じた」と振り返る。

青島さんはその後帰国、喜久酔の杜氏富山初雄さん（南部杜氏）に弟子入りし、平成16

年（２００４）、富山さんの引退を機に杜氏に昇格した。
平成17年春、青島さんは、知己のあった大井八幡宮宮司、満寿一社員、大塚さん、田中さんら志太杜氏経験者と共に、京都の松尾大社を参詣した。その翌日、突然蔵にやってきた田中さんから「藤守の酒造りを継いでほしい」と切り出される。松尾大社への道すがら、青島さんの真摯な態度が田中さんの琴線に触れたようだった。
その夏から青島さんは蔵人を伴って田中さん宅に通い、志太流儀の講義を受け、冬場は蔵で実技指導。主力商品である特別本醸造や特別純米の麹造りやもろみ管理に、岩手南部流とは違う、温暖な志太の地で培われた手法を導入。それまでタンクごとにバラつきがあった酒質の安定がはかられ、バラつきのあるタンクをブレンドさせる手間やリスクが解消され、搾った順に瓶詰め出荷＝コスト削減につながった。「この土地に根付いた酒造りを継承する価値を実感した」と青島さんはかみ締める。

伝承を形に

平成20年（２００８）、田中さんから「もうこれ以上教えることはない」と言われた青島さんは「教えを形に残したい」と考え、武芸の秘伝書に倣った〈免許皆伝書〉を作成した。学生時代から古流の剣術を嗜んだ青島さんらしい伝承の具現化だった。

平成21年（２００９）、大井八幡宮で執り行われた授与式では大塚さんから増井さんに『志太流酒造法大目録』、田中さんから青島さんへ『藤守流酒造法大目録』が渡された。河村傳兵衛氏が〝立会人〟として参加し、伝書に署名もされた。河村氏も若かりし頃、横山保作さんに酒造りの指導を受けた〝子弟同志〟だ。

平成23年（２０１１）には大塚、田中、増井、青島の4名で『志太杜氏伝承会』を立ち上げる。かつての志太杜氏組合とは異なり、純粋に技の伝承を目的とした会だが、大塚さんと田中さんは「組合が復活したようだ」と涙を浮かべて感激されたときく。

しかし、その年の秋、青島さんは増井さんから、満寿一酒造で保持する『志太杜氏』の商標を譲りたいと告げられた。1年ほど前から体調が思わしくないと聞いていたが、このとき、増井さんがガンに冒され、余命短いことを知らされる。年末、商標移譲の手続きが終わったことを報告したとき、本人はすでに電話口に出られない状態だった。その夜、青島さんの元に「ありがとうございました。これで安心です」というショートメールが届く。これが増井さんの最期のメッセージになった。

平成24年（2012）1月、増井さんは49歳で急逝した。平成25年（2013）暮れには田中さんが90歳の天寿をまっとうされた。現在88歳になる大塚さんはご自宅で静かに余生を過ごされている。京都の松尾大社参詣から10年。一人残された青島さんは、伝書を手にし、「真にこの地に合った流儀が確立するまで、杜氏蔵人たちの数え切れないトライ&エラーがあったはず。志太杜氏の技はこの土地の歴史であり、財産だ」と力を込める。

藤守流酒造法大目録には、「心得」の項目があり、抄録が青島酒造の麹室脇の壁に標語として掲げてある。小学生にも解る言葉だが、完璧に実践するのは簡単ではないと思う。酒造りには特殊な技術や知識よりも大切なものがある。何世代にもわたって伝承された、職人だけが共有し続ける大切な何か、である。

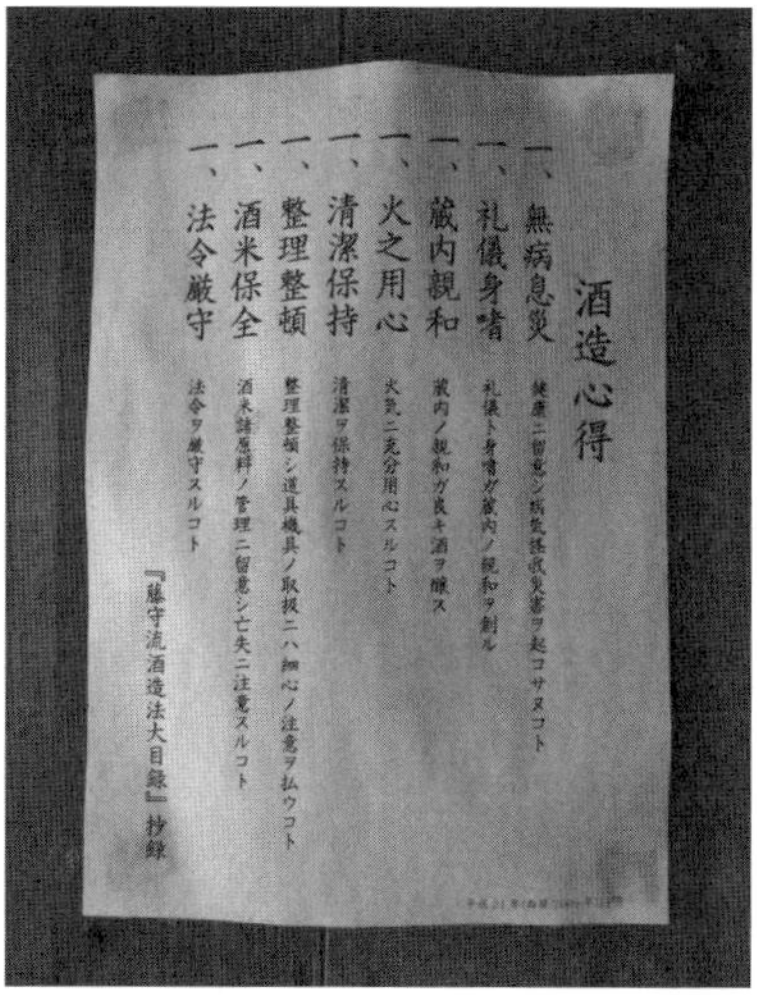

【参考文献】国指定重要無形民俗文化財「藤守の田遊び」伝承千年記念誌、「藤守の民俗」東京女子大学民俗調査団 1986 年度調査報告、志太杜氏／大塚正市、静岡県の諸職／静岡県教育委員会編、駿国雑誌、志太郡誌

南部杜氏—静岡吟醸を支える東北魂

正雪、富士錦、萩錦、臥龍梅
富士正、若竹、磯自慢

現代の名工

『正雪』(由比)の杜氏・山影純悦《やまかげじゅんえつ》さんが、平成25年度(2013)の現代の名工(注)に選ばれた。職人にとっては最高勲章のひとつ。平成26年(2014)4月に開かれた祝賀会には酒造関係者をはじめ、正雪の取引先酒販店や飲食店、正雪ファンの愛飲家など約200名が山影さんの受賞を祝った。

山影さんは昭和7年(1932)、岩手県花巻市生まれで、19歳から酒造りの世界に入り、29歳で南部杜氏資格試験に当時、最年少で合格した。昭和57年(1982)から『正雪』の蔵元・神沢川酒造場(由比)の杜氏を務め、80代になった今も現場を指揮する。

単年雇用の杜氏が一つの蔵元に長く勤め、持ち前の技能を存分に発揮できるというのは、経営者と杜氏が最強のタッグを組めたということだ。数々の賞は神沢川酒造場の蔵元望月家と山影さんの確かな信頼関係の証しでもある。

長年、正雪に勤め、静岡の事情をよく知る山影さんは、県内の他の蔵元が南部杜氏を雇用する際に人選や待遇面でのアドバイスを行うなど、面倒見の良さでも知られる。一方、私が長年通い続ける全国新酒鑑評会や静岡県清酒鑑評会の唎き酒会場では必ず姿をお見かけする。若い杜氏や蔵人に混じって真剣に唎き酒する横顔には、いくつになっても酒質向上への探究心を持ち続ける熱い職人魂を感じたものだ。

平成26年（2014）秋の褒章では黄綬褒章を受章した山影さん。この道60余年の職人魂は今も健在である。

かけもち杜氏

私が初めて岩手県の南部杜氏のふる里を訪ねたのは平成9年（1997）夏だった。しずおか地酒研究会の仲間8人で南部杜氏伝承館や石鳥谷歴史民俗資料館を見学し、夜は静岡県の蔵に勤める11人の南部杜氏と新花巻温泉で親睦を深めた。その中に、1人で4蔵をかけ持つというパワフルな杜氏がいた。小田島健次さんである。短期間で仕込みが終わってしまう小規模の蔵を複数かけもつ杜氏は珍しくないが、同一県内で4蔵兼任というのは

（注）卓越した技能者＝現代の名工は昭和42年（1967）から始まった制度。厚生労働省が工業技術、伝統工芸、料理など各分野で優れた業績を上げた技能者を、毎年全国で150人選出。

レアケースだろう。平成9年には、同郷の蔵人3人と〝チーム小田島〟を結成し、まず萩錦に蔵入り。次いで葵天下→曽我鶴→小夜衣→曽我鶴の順にほぼ1ヶ月単位で廻った。

現在は萩錦と富士錦の2蔵。平成26年（2014）12月、富士錦で作業中の小田島さんを訪ねたときは、4蔵かけもち当時、チーム小田島の賄い担当だった菅原テツさんもいた。2人の男性蔵人は引退し、菅原さんだけが小田島さんに同行し続け、今では女性ながら蔵人として立派な戦力になっている。作業服姿の菅原さんは17年前よりも若々しく、逞しく見えた。

萩錦酒造では蔵元夫人の萩原郁子さんが小田島さんのパートナーとして酒造りを補佐し、小田島さん不在時はもろみや瓶詰め管理を担当している。「現場の女性と相性が良くなければ、かけもち杜氏は務まりませんね」と冷やかすと、照れくさそうに「やっぱり蔵に慣れるには、水だよ」と応えた。水質が酒質に大きく関与するというのは、酒造の教科書にも出てくる定石（注）だが、数多くの蔵を経験してきた小田島さんの台詞には真実味があった。

（注）水については142ページ参照。

杜氏二世代

平成27年（2015）5月、岩手県花巻市の南部杜氏自醸鑑評会（注）会場で、鑑評会会場の担当理事として奔走していたのが、『臥龍梅』（清水）の杜氏菅原富男さんだった。臥龍梅は平成4年（1992）から南部杜氏を雇用しており、菅原さんは平成14年（2002）から。9月初めに蔵入りし、翌5月のゴールデンウィークまで実に9ヶ月間、一日も休まず酒造りに勤しむ。

近年、臥龍梅のネームバリューは首都圏で急速に高まっており、海外13カ国にも輸出されている。人気の一因は、酒米の違いによる多様な酒質。現在使用する米は山田錦、五百万石、愛山、短稈渡船、雄町、誉富士の6種で、いずれも精米歩合は平均55～57％の吟醸仕様。洗米時には必然的に全量限定吸水となり、米の種類が多いぶん、小規模タンクでコンスタントに造り回す必要がある。仕込み期間も長くなる。

5月連休明け。ようやく故郷に戻ってのんびりされているとばかり思っていたが、菅原さんは組合理事として鑑評会会場を走り回っていた。7月に開催される夏季酒造講習会でも300人近い受講者の世話を焼く。故郷で過ごす3ヶ月間もほとんど休みがない。杜氏は、酒造技術が高いだけでは務まらないのだと納得するエピソードである。

（注）南部杜氏自醸清酒鑑評会　平成27年で96回を数える南部杜氏による南部杜氏のための鑑評会。全国で活躍する南部杜氏協会所属の杜氏が出品し、吟醸酒の部、純米吟醸酒の部、純米酒の部の3部門で競い合う。

『富士正』（富士宮）の杜氏伊藤賢一さんは、平成26酒造年度から富士正の杜氏になり、初めて向き合う富士山麓の水と静岡酵母に悪戦苦闘しながらも、見事入賞を果たした。父も祖父も南部杜氏という一家に育ち、東京農業大学醸造学科を卒業してアルコール精製メーカーに3年勤め、父の政美さんが杜氏を勤める『陸奥男山』（青森）の蔵人となった。29歳で南部杜氏試験に合格。山影さんが最年少で合格した年齢と同じである。もっともこの最年少記録は、翌年、28歳の義弟に塗り替えられてしまったそうだが。

『賜冠』（愛知）に移った父に伴って酒蔵勤めが続いた後、平成26年、晴れて杜氏として独り立ちすることになった。南部の会場には『賜冠』で入賞した伊藤政美さんもかけつけた。「家族3代で杜氏の技を継承できるなんて光栄です」。別々の蔵で入賞を果たした親子の表情は誇りに満ち溢れていた。

（注）南部杜氏自醸清酒鑑評会　平成27年で96回を数える南部杜氏による南部杜氏のための鑑評会。全国で活躍する南部杜氏協会所属の杜氏が出品し、吟醸酒の部、純米吟醸酒の部、純米酒の部の3部門で競い合う。

岩波映画【南部杜氏】と酒造り唄

南部杜氏協会に隣接する南部杜氏伝承館では、岩波映画製作の記録映画『南部杜氏』がリプレイ上映されている。昭和62年（1987）に制作された作品で、大正～昭和頃の酒造りを、昭和62年当時の南部杜氏が再現したドキュメンタリーだ。以前、日本酒造組合中央会を通して映像をお借りし、しずおか地酒研究会で鑑賞したとき、『若竹』（島田）の日比野哲さんが「ふるえるほど感動した、今夜は眠れそうにない」と興奮していた。彼は静岡大学大学院を卒業して新卒で入社し、南部杜氏講習会に通い、杜氏資格試験を受けて合格した社員杜氏。『南部杜氏』を観たのはこのときが初めてだったという。

日比野さんは若竹に長く勤めた南部杜氏の板垣馬太郎さんに師事し、今も板垣さん時代から来ていた南部の蔵人衆に支えられ、杜氏職を務めている。春、仕込みがそろそろひと段落する時期に、蔵内で晩酌する杜氏・蔵人衆を訪ねた私は、若い杜氏を中心に息の合った〝チーム若竹〟の活気に、今さらながら〈和醸良酒〉という言葉をかみ締めた。

岩波映画『南部杜氏』のことをブログで紹介したところ、早稲田大学グリークラブOBから「南部杜氏の酒造り唄を合唱披露することになったので、酒造りの映像を観てイメージをつかみたい」という問合せがあった。これが縁で2011年8月に大阪で開かれた演奏会に参加し、男声コーラスによる重厚な酒造り唄を堪能した。

ハァー、今朝のヤー、寒さに　ハー洗い番はどなた
可愛い　ヤー　男の　ハーコリャ　声がするよ

その昔、酒造りで最も辛い洗米作業を歌った南部米研ぎ唄である。厳冬の朝、芯まで凍る冷水と米を踏桶に入れ、素足で爪をたてて研ぐ。これほど原始的で過酷な作業はなかったという。私はこの唄を、若竹の亡き松永始郎会長から初めて教わり、現会長の松永今朝二さん、杜氏の板垣さんからも教えてもらい、この蔵のテーマソングじゃないかと思えるほど耳に馴染ませている。

若竹では事務所2階のサロンスペースで島田の町衆を集め、文化サロン「若竹会」を定期開催するほか、2月立春の朝には取引先店を集めて「立春朝搾り」のラベル貼りと大井神社奉納を、7月7日には蔵を市民に開放し七夕コンサートを開いている。いつかの日かグリークラブの酒造り唄が聴けたら、と思う。

國酒を醸す杜氏

私がライターとして初めて訪ねた酒蔵は焼津市の磯自慢酒造だった。昭和から平成に替わった直後の平成元年（1989）2月のことである。

当時はレンガ造りの煙突が残る古い建物だったが、中はステンレスで覆われた近代的な造りで、仕込みタンクから吟醸酒のもろみが芳しい吐息を吐くのを目の当たりにし、それまで抱いていた日本酒のイメージがひっくり返るほど新鮮な驚きを覚えた。蔵には社長の寺岡襄さん、息子で専務の寺岡洋司さん、昭和24年からこの蔵に勤める志太杜氏の横山福司さんがいて、蔵元父子と杜氏が家族のような団結心を持ち、真摯に酒造りに取り組んでいた。寺岡洋司さんは酒卸販売会社を経て家業に入り、杜氏の横山さんに弟子入りして造りのいろはを身に着け、まず蔵人として戦力になった。横山さんと二人三脚で醸した酒は、全国新酒鑑評会で3年連続金賞を受賞。品質本位で地方蔵の発掘に努める酒販業者の目にとまった。磯自慢の躍進はここから始まった。

私が初めて訪ねたその年、75歳の横山さんは引退され、磯自慢には南部杜氏が雇用された。現在の杜氏多田信男さんは、横山さんが現役の頃、静岡県内の別の蔵にいて、その麹造りは河村傳兵衛氏から〝神業〟と激賞されていた。平成10年（1998）に磯自慢に移っ

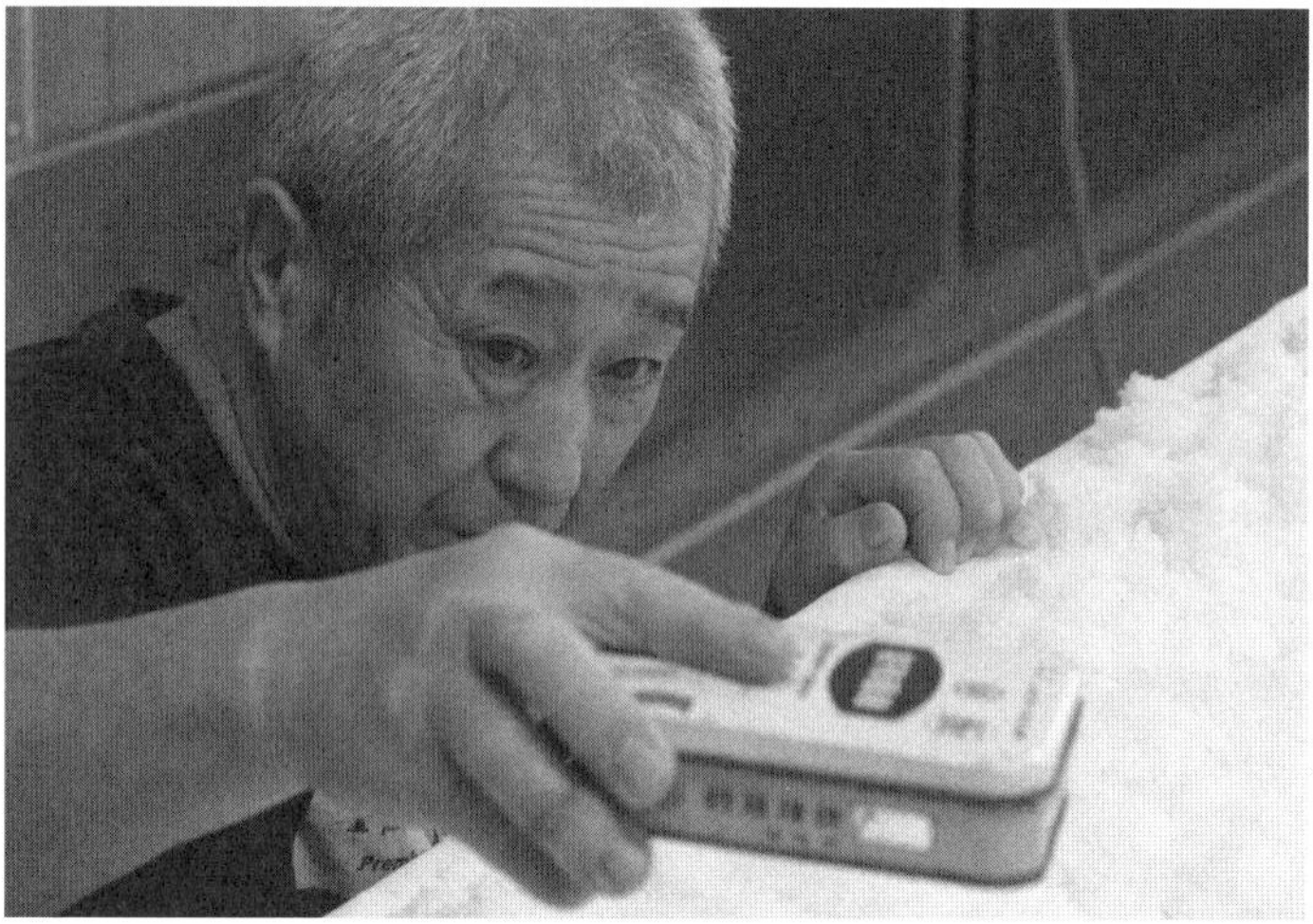

た後、その神業は別次元の進化を遂げ、サミット酒に選ばれたときは「國酒を醸す杜氏」として新聞に大きく紹介された。

半年、故郷を離れ、休むことなく酒造りに向き合うこと50余年。「もっと近場で気楽に勤められる蔵に行きたいと思いませんか？」と訊いたところ、「今、自分があるのは河村先生のおかげ」であり、「横山さんから静岡の酒を頼む、と託されたようなものだから」と返ってきた。河村氏から神業と称されていたころの多田さんの酒を横山さんもご存知で、次代を担う静岡吟醸と見抜いておられたのだろう…違う蔵の異なる流儀のライバル杜氏同士にも、尊敬と信頼、そして確かな絆は存在するのだと、胸が熱くなった。多田さんはこのまま静岡に通い続け、若い蔵人たちにその絆を託し、酒造り人生をまっとうされるに違いない。

能登杜氏―北陸の克己心

開運、志太泉、高砂

伝説の能登杜氏四天王

静岡県の酒蔵では、石川県出身の能登杜氏が数多く活躍してきた。筆頭に上がるのが『開運』（掛川）の波瀬正吉さんだろう。すでに鬼籍に入られたが、能登杜氏四天王（注1）の一人としてファンの記憶に刻まれている。平成元年（1989）4月、初めて開運の土井酒造場を訪問したとき、波瀬さんに搾ったばかりの大吟醸を槽口から直接すくって試飲させていただき、「こんなに美味しい日本酒を呑んだのは生まれて初めてです！」と興奮したのを覚えている。

それから20年。平成20年（2008）8月、石川県珠洲市で行われた能登杜氏組合夏期講習会を取材した私は、夜、波瀬さんのご自宅にお邪魔して、講習会に参加していた開運の蔵人3人と波瀬さんが行う開運全タンクの呑み切り（注2）に立ち会った。試飲すると

（注1）能登杜氏四天王は波瀬さん、三盃幸一さん（満寿泉）、農口尚彦さん（常きげん）、中三郎さん（天狗舞）。いずれもテレビドラマのモデルになったりドキュメンタリー番組等でたびたび取り上げられる名杜氏。　（注2）呑み切りとは夏場に熟成具合をチェックする作業

「富士自慢」時代の波瀬正吉さん（左端）／写真提供・波瀬豊子氏

きの波瀬さんの厳しい表情は、私が好きな奈良東大寺戒壇院の四天王・広目天像を彷彿とさせ、この人には本物の四天王が乗り移っている…と、背筋がピンとしたものだ。

終了後は妻の豊子さんが獲れたてのスイカを切ってくれた。1年のうち8か月を静岡で過ごす波瀬さんの留守を、畑仕事と3人の子育てをしながら守る気丈な女性だ。農業後継者が減り、放置された畑が多い中、豊子さんが手をかけた畑にはネギやスイカが瑞々しく育っていた。収穫した野菜は開運の蔵へも送っているという。

波瀬さんの自宅と畑は、日本海に面した小さな漁村にある。漁師の父を継いで、若いころイカ漁に出ていた波瀬さんだが、先細りする漁業に見切りをつけ、冬場は酒蔵へ出稼ぎ、夏場はこの地区の農地活性化事業で導入されたタバコ栽培に活路を得た。

最初の出稼ぎ先は、静岡県御殿場市にあった『富士自慢』だった（現在は廃業）。豊子さんに当時の波瀬さんの写真を見せていただいたとき、ああ、この人は富士山を見ながら杜氏の道を歩き出したのだ、と胸が熱くなった。

36歳のとき開運に入り、同時期に蔵元を継いだ土井清愰社長とは文字通り二人三脚で、開運をトップブランドに育て上げた。平成19年（2007）には静岡県から優秀技能者表彰を受け、20年には現代の名工に選出される予定だった。平成20酒造年度の酒造り真っ最中に腰を怪我し、入院後、体調が悪化し、平成21年（2009）7月、還らぬ人となった。

能登半島の最果ての漁村からやってきて、静岡に開運をもたらしてくれた波瀬さん。杜氏のフルネームが初めて酒銘になった『開運大吟醸・作 波瀬正吉』は、『開運大吟醸・伝波瀬正吉』として今も醸され続けている。

名杜氏の後継者

平成20年（2008）の能登杜氏組合夏期講習会では西原光志さんにお会いした。平成21酒造年度から『志太泉』（藤枝）に勤める能登杜氏だ。長く南部杜氏を雇用していた志太泉に西原さんが入ったと聞いたときは驚いたが、平成26酒造年度の能登杜氏自醸清酒品評会では普通酒部門において名工賞（首位）を受賞し、日常酒を重視する蔵元の望月雄二郎社長を大いに喜ばせた。

西原さんは昭和46年（1971）大阪生まれ。学生時代に地酒の美味しさに目覚め、酒造りの世界に飛び込み、『喜楽長』（滋賀）の能登杜氏天保正一さんに師事した。ある年、酒造期間中に10日の休みをもらい、うち5日は開運の波瀬さん、5日は常きげんの農口さんを訪ね、実際に麹造りを体験させてもらったという。「あのとき握らせてもらった麹の感触は忘れられない。いかにあの麹に近づくかを考えながら、今もやっています」。能登四天王から受けた薫陶は得難い財産になった。

志太泉での最初の2年は試行錯誤の連続だったが、洗米方法を手動に切り替え、麹箱を風通しよく改良するなど徐々に自分らしさを発揮。現場では同世代の望月社長と徹底的に話し合っている。家族ともども藤枝に移住し、酒造りが終わった後は製茶工場に入ってお茶づくりに従事する〝半醸半農〟の職業杜氏を貫いている。

一方、波瀬さんの後継者になったのが、同じく件の講習会に参加していた開運の社員榛葉農さん。平成26酒造年度静岡県清酒鑑評会で吟醸・純米2部門ダブル県知事賞（最高位）を受賞した酒は、平成元年の開運を彷彿とさせる出色の味だった。

昭和50年（1975）生まれの榛葉さんは、母が清水の銘醸『老香』の市川家出身で、兄の榛葉武さんは『英君』（由比）の副杜氏を務めるという、いわば酒造一家の血を受け継いだ職人だ。まず『千寿』（磐田）に就職して鈴木繁希さん（現取締役・杜氏）のもとで2年働き、23歳のとき土井酒造場に製造社員として入った。現場で製造計画の策定や帳簿管理を担当するかたわら、波瀬さんや、波瀬さんの腹心の部下松原秀樹さんの仕事ぶりを間近に見続け、波瀬さん急死の後は松原さんと二人杜氏体制を組み、松原さんが家庭の事情で来られなくなった後、単独で杜氏となった。

30代の社員杜氏榛葉さんにとって、波瀬正吉の後継者というレッテルはさぞ重圧だっただろう。しかし開運の評価は揺るがなかった。鑑評会では静岡県を代表する銘醸として確かな成績を残し、市販酒の酒質はもちろん、売り手や飲み手の期待に応えるラインナップや欠品を起こさない磐石の体制。もとより蔵元の経営手腕が優れていることと、社員として長年、データ収集や帳簿付けを担当し、数字の確かな裏付けによって名匠波瀬正吉の技を蓄積・伝承してきた榛葉さんの地道な努力が奏功したと思う。

蔵の雰囲気も、大きく様変わりした。蔵元は土井弥市さんが5代目を継ぎ、蔵人7人は20代4人、30代3人という構成。10月最初の大安の日から翌4月末まで、長く厳しい酒造りが続くが、運動部の冬合宿のような活気があった。早朝の厳しい寒さの中、社長の弥市さんが新人の作業である道具洗いを一所懸命にこなしていた。「新人に次の作業を覚えさせたいから」と交替を買って出たという。蔵には清清しい緊張感が漂っていた。

武芸の教え〈守・破・離〉に喩えるなら、鑑評会でしっかり成果を出した西原さん、榛葉さんとも、能登流儀を学んで伝える〈守〉のゴール近くに来ているのかもしれない。この先、守ってきた殻を破り、己の技を確立し、伝統の庇護から離れて真の独り立ちを果たすまで、ファンは末永く見守っていくだろう。

能登杜氏が支える蔵

『高砂』（富士宮）は一貫して能登杜氏を雇用し続ける蔵である。きっかけは、滋賀の蒲生日野出身の近江商人山中正吉が、文政年間の1820年、東海道を行商する途中、吉原宿の旅籠で同部屋の旅人の看病をしたことといわれている。この旅人が能登の酒造り職人で、意気投合した2人は酒蔵を開業。天保2年（1831）に富士山本宮浅間大社の門前に移ったが、創業以来、一貫して能登から杜氏が招かれた。私が蔵で直接お会いした吹上弘芳さんも18歳のときから半世紀近くこの蔵に勤める能登杜氏だ。

吹上さんとともに高砂を銘醸に育てたのは6代目蔵元の山中滋雄さん。つねに新しい醸造法に果敢に挑戦する酒造家で、静岡酵母を使用した軽快な山廃造りや県沼津工業技術センターが編み出した一段仕込み、県農業試験場が開発した酒米誉富士の試験醸造にも真っ先に手を挙げた。「吹上さんがいるから（大丈夫）」が口癖だった。吹上さんの下には、自分の高校の後輩の小野浩二さんを弟子入りさせた。

平成18年（2006）、山中さんは滋賀の山中本家の酒造業撤退に伴い、経営から退くことになった。同じ年、吹上さんが急死するという悲運が重なった。急遽杜氏に昇格した小野さんを、吹上杜氏付きの能登の蔵人堂畑光則さんと、開運の波瀬正吉さんのもとで頭（かしら）の経験も持つ御年80歳の中原隆夫さんがしっかり支えた。経験豊かな能登蔵人に製造社員を加え、現在は総勢5人の〝チーム小野〟が、高砂の味を醸し出す。

ところで堂畑さんの母・祥子さんは、平成26年秋から27年春まで開運の賄い職を務めた。朗らかな表情で開運の蔵人衆に手料理をふるまう祥子さんと、高砂ではただ一人、蔵に泊まりこみで「食事はもっぱらコンビニ弁当です」と苦笑いする息子光則さんが、見紛うことないそっくり母子だったのに、私は胸を突かれた。故郷を離れ、母子別々に半年間休みなく蔵仕事をこなす、こういう家族が静岡の酒を支えてくれていたのだ、と。

畑でネギをもいでいた波瀬さんの妻豊子さんの背中がふと思い出された。離れて暮らす家族の食事に心を寄せる能登の女性あっての酒造り。能登杜氏の酒の味の深みとは、職人と職人家族の克己心の深さではないか、と思う。

蔵元杜氏—職人になった酒造家

國香、小夜衣、葵天下
金明、白隠正宗

杜氏名を授かった蔵元

蔵元杜氏とは、文字通り、蔵元が杜氏を兼任する自家醸造のこと。静岡県では平成26酒造年度時点で『金明』『白隠正宗』『君盃』『杉錦』『喜久酔』『小夜衣』『葵天下』『國香』の8社ある。

平成4年（1992）に蔵元杜氏となった『國香』（袋井）の松尾晃一さんは、20代の初め、『神杉』（愛知県安城市）の名杜氏として名高い新潟杜氏田中清一さんのもとで3年間修業した。その後、蔵で雇用していた新潟、能登、南部杜氏の流儀も体験。多様な伝統流儀と、静岡酵母の河村傳兵衛氏が指導する新しい吟醸造りを柔軟に取り入れた。静岡県は杜氏流儀の交差点だと前述したが、松尾さんの掌がまさにそれ。雇用していた杜氏の引退を機に自分で造ろうと決めたのは自然であり、必然だったと思う。蔵元杜氏が珍しかった当時、

「蔵のおぼっちゃんに何ができる」という冷めた目が注がれたが、松尾さんは平成7年（1995）、3造り目に静岡県清酒鑑評会で県知事賞（最優秀）を獲得。平成13年（2001）、14年（2002）にも県知事賞を連続受賞した。

一人で造る量には当然、限りがある。平成14年に県知事賞を受賞した大吟醸酒のタンクは一滴も無駄にせず市販用に瓶詰したため、杜氏の晴れ舞台である全国新酒鑑評会には出品しなかった。県知事賞受賞蔵が全国に出品しないというのは前例がなかったが、松尾さんは経営者として、取引先に責任を果たすことを優先した。この選択は、全国の受賞実績がバロメーターだった職業杜氏との違いをはっきり示したと思う。

平成16年（2004）、河村氏から〝傳兵衛一番弟子〟という意味の杜氏名『傳一郎』を授かった。松尾さんの姿勢に共鳴していた満寿一の増井浩二さんが『傳次郎』、喜久酔の青島孝さんが『傳三郎』。〝3兄弟〟は河村氏を囲む『傳兵衛会』を結成し、河村流吟醸造りも一つの流儀として伝承していこうと、日々、技術研讃に努めた。増井さん亡き後も松尾さんと青島さんがその遺志をつないでいる。

國香酒造では平成26酒造年度から、松尾さんの長男雅夫さんが蔵入りした。父を補佐しながら黙々と洗米作業をする雅夫さん。大学で物質生命科学を専攻し、卒業と同時に酒造りを始めたその横顔には、父親譲りのストイックさと探究心がうかがえた。彼もいずれは『傳兵衛会』に加わり、杜氏流儀の交差点だった蔵に父が上書きした〝國香流儀〟を更新していくのだろう。

蔵元杜氏の地酒工房

JR菊川駅前にある『小夜衣』も平成26酒造年度から蔵元父子の自家醸造になった。5代目蔵元の森本均さんは子どものころから蔵仕事の手伝いをして育ち、昭和30年代には志太杜氏大塚正市さんの酒造りも間近に見ていた。高校卒業後、コンピュータ会社に就職したが4ヶ月で辞めて家業に入り、営業を担当した。

当時、酒といえば灘酒と値引き競争の全盛期。営業で苦労した森本さんは「桶売りも先が見えている。これからは自分の思うとおりの酒を造ろう、小夜衣を愛してくれる人と楽しめる酒を」と実感する。それはまた、若くして他界した一つ違いの兄・栄司さんの夢でもあった。大塚杜氏の後に入った新潟の杜氏に造りを学び、昭和56年（1981）からは能登杜氏の玉川善能さんと二人三脚で吟醸造りに取り組んだ。「鑑評会で受賞するしないにかかわらず、吟醸酒はやっぱり素晴らしい酒。一般酒との差がはっきり判る。吟醸酒を造ることで、蔵全体のレベルが上がる」と歯切れよく語っていた。

平成12年（2000）から蔵元杜氏となり、菊川駅前再開発の一環で酒蔵も新しく建て替えた。亡兄と共有していた理想の酒造りを体現するかのように個性的なラインナップを次々に創り出し、ファンからは〝森本均の地酒工房〟と称されるようになった。孤軍奮闘していた森本さんのもとに、平成26年秋、28歳になる息子の圭祐さんが戻ってきた。県内で就職し、家庭も持っていた圭祐さんが、家族を引き連れて帰郷したことで、兄弟の夢は家族の大きな目標となった。

麹室で父子向き合って切り返し作業をしながら「給料を払わにゃならなくなった。あぁしんどい」と愚痴をこぼす森本さん。けれど、トレードマークの野武士のような表情が、どことなく緩んでいるのを見逃さなかった。

たった一人の酒造り

『葵天下』（掛川）では平成10年（1998）、蔵元山中隆さんと息子の久典さんの父子醸造が始まり、平成26酒造年度から久典さん一人で造っている。手の空いた家族が道具洗いを手伝う程度。最低でも3人は必要といわれる蒸し米作業や出品酒の槽搾りを「時間はかかるけど、やってやれないことはない」と言い切って、パートも雇わず本当に一人でやってのけている。

貯蔵タンクのある蔵は幕末の万延元年（1860）建造。仕込み蔵は昭和4年（1929）のものだ。創業者は富士宮の高砂と同じ山中正吉。近江商人である山中家が東海道の拠点として遠州横須賀で1蔵を構え、昭和4年に分家独立し『神苑』という酒を造っていた。

戦前は千石蔵の規模を誇り、内部は当時のまま。広く入り組んだ蔵の中を、今は久典さんがただ一人で走り回る。使用するタンクも道具も一人で効率的に扱えるようダウンサイジング。千石蔵の遺構は眠ったまま、久典さんが動く場所だけに電気が灯る。

「秋祭りが終わったら仕込みを始め、春祭りが始まる前に終わります」。その言葉どおり、4月3日から5日まで開催された遠州横須賀の三熊野神社春の大祭では、三社祭礼囃子を酒のもろみに聴かせて発酵させたという『葵天下・三社囃子』を、禰里の曳き手にラッパ飲みさせ、「毎年朝っぱらからこんな調子」とはしゃいでいた。何杯でもお代わりできる地酒らしい味だった。一人で背負わずとももっと楽に造る方法、誰かに託すという手段もあったのでは？と訊きたくなったが、城下町横須賀が町衆の力で祭りの灯を守り続ける以上、山中さんもまた酒造の灯を絶やすことはないだろう。酒蔵が残る町の風情が美しいのは、人々の、目には見えないそんな絆の賜物だと思った。

異彩を放つ酒質

蔵元杜氏の中には、東京農業大学醸造学科を卒業してそのまま蔵に入り、大学で学んだ醸造理論をベースに理想の酒を追求する自己実現型の杜氏がいる。

『金明』（御殿場）の根上陽一さんは、蔵で働く新潟の越後杜氏が高齢を理由に引退を申し出た平成３年（１９９１）、32歳のときに杜氏職に就いた。蔵はもともと御殿場駅前にあり、昭和49年（１９７４）に現在地に移転。当初は２階建てで全量機械化する予定だったが、オイルショックの余波で計画は頓挫し、蔵は平屋建てとなり、機械の導入率も予定の半分に。当時の厳しい状況を子ども心に焼き付けた根上さんは、家業を継ぐ際、「外から招く杜氏や機械に頼る酒造りには限界がある、景気に左右されずに事業継承していくには自分の手元に確実に技術を残すしかない」と決意した。

蔵元杜氏になり、試行錯誤を続ける中、無理がたたって病気で倒れたこともあったが、現在は社員２人のサポートと、繁忙期にはアルバイトを加え、万全の体制で製造の経営にあたる。平成21年（2009）からは醸造アルコールの添加をやめ、全量純米酒製造に踏み切った。静岡酵母を使いつつ、洗練された香りとおだやかな味が特徴の静岡吟醸とは一線を画し、金明独自の味を求めて行き着いた結論だ。これはかつて教科書どおりに造ろうとして苦闘した蔵の湧水に由来する。

敷地内には富士山の雪解け水が勢いよく湧き上がる自噴井戸がある。平地で湧く川の伏流水とは若干異なり、火山質の土壌をくぐりぬけ、ほどよく含んだミネラル分が酒の発酵を活発にする。この水を活かして山廃造りにも挑戦し、現在、全量の4割を占めるまでになった。静岡吟醸の中にあって異彩を放つ金明は、まず県内の実力酒販店の目に留まり、「静岡酵母の酒も多様化した」と新たなファンを生み出した。

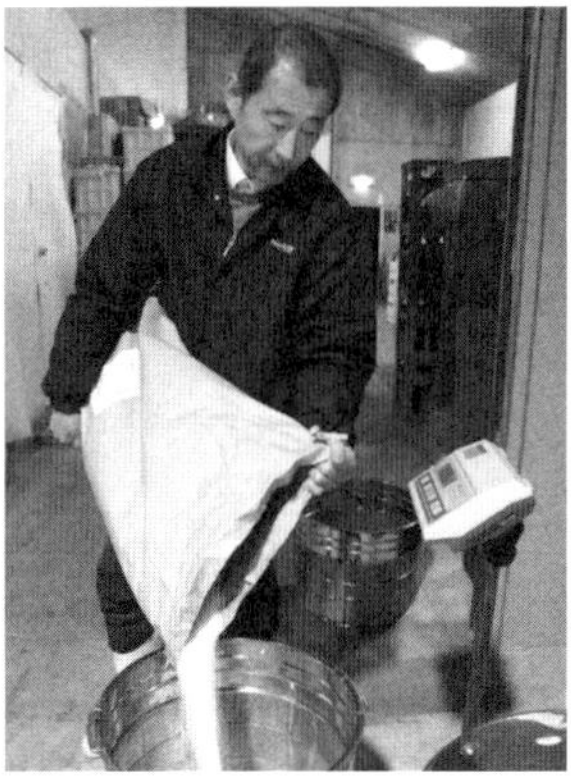

取引先には毎月自ら直接配達に出向く。仕込み中の10月から6月の間も時間をやりくりし、酒販店の声に真摯に耳を傾ける。「自分の足で回りきれなくなるまで（取引先を）増やそうとは思わない」。酒販店がこの蔵元を全力で応援しようと思うのも無理はない。

蔵元杜氏の温故知新

2月23日は静岡県が条例で制定した〈富士山の日〉。『白隠正宗』（沼津）では早朝から取引先酒販店や飲食店70余名が集って『富士山の日朝搾り』のラベル貼り&出荷作業を行なった。酒は、23日未明から搾って瓶詰めしたての静岡県産米「誉富士」精米歩合60％純米生原酒おりがらみ。低酸でおだやかな、実に静岡酒らしい優麗な味わいだった。

上槽（搾り）のタイミングというのは、もろみの発酵状況によって左右されるため、杜氏は直前まで判断を待つ。私も、運よくタイミングがあったときにしか立ち会えない。それだけに、2月23日朝に搾ると事前告知し、発酵をコントロールした蔵元杜氏高嶋一孝さんの手腕を、ラベル貼りに参加した酒販店主たちは一様に賞賛した。

高嶋さんも東京農業大学醸造学科を卒業して家業に入り、25歳で蔵元杜氏になった。まずは普通酒を全廃し、吟醸仕様の造りに切り替えて、製品全体のレベルアップを図った。平成24年（2012）には全量純米酒に切り替えた。

加水量を抑えた少汲水純米酒は「現在流通している日本酒の汲み水歩合は平均で130〜140％だが、昔ながらの酒造りでは汲み水歩合が110％程度で味は濃かった。これを小売屋が桶で仕入れ、店頭で加水して売っていた」という故事を再現したもの。高嶋さんは「昔の酒は今よりアルコール度数が低かったと思う。低度数の心地よく飲める日本酒を造ってみたい」と伝統手法への関心を示す。

『富士山の日朝搾り』のラベルには、初代歌川広重と三代歌川豊国が共同制作した浮世絵『双筆五十三次・はら』を使っている。ここに描かれた「富士の白酒」を調べてみたところ、「富士の白酒」が文献や浮世絵に登場し始めたのは江戸後期。北斎の東海道五十三次・吉原では「白酒のもろみを石臼で磨く図」、駿河国新風土記には「富士酵、糯を焼酎に和して醸す、味美なり」、本市場村明細書上帳には「立場茶屋、名物白酒商売仕候」等などと紹介されている。

土地の歴史が伝える「物語」は、国内のみならず、世界に誇れるオンリーワンのものだ。東海道筋に多い静岡県の蔵元にはその〝武器〟がある。昭和53年（1978）生まれの若い蔵元杜氏がそれを見事に活かしきっていることに、心から賞賛を送りたい。

【参考文献】富士市立博物館企画展『郷土の酒』図録

カミとホトケのサケ精進

白隠正宗、萬耀、杉錦、初亀

禅僧ゆかりの酒

私は物心ついた頃から歴史や仏教が好きで、美術館か博物館の学芸員になるのが夢だった。今も年に数回は京都奈良を訪ね、禅寺で坐禅をする。

禅寺の山門の前には【不許葷酒入山門】という文字が掲示されている。酒や香りの強い食べ物は厳禁という意味だ。坐禅に通う京都の臨済宗の寺は、一般拝観お断りの厳格な修行寺院。最初に身の上話をしたとき、「酒の取材をしています」と、恐る恐る手土産の『白隠正宗』（沼津）を渡したら、「静岡にそんなええ酒があったんかいな」と和尚さんに喜ばれた。臨済宗中興の祖として名高い白隠禅師（注1）ゆかりの酒である。

実のところ、【不許葷酒入山門】どころか、現代の日本酒製法は寺院で確立されたものだ。歴史&仏教好きの地酒ライターにとって、ここは大いなるツッコミどころで、別の機会に

（注1）白隠禅師（1685〜1768）は東海道原宿で問屋を営む長澤家三男として生まれ、全国各地を修行した後、原の松蔭寺住職として生涯を全うする。現在の禅（ZEN）の基となる臨済禅の法系を確立した宗教改革者。「駿河には過ぎたるものが二つあり。富士のお山と原の白隠」の詩でも知られる。

検証したいと思っている。

　白隠禅師は「山下に流水あり　こんこんとして止む時なし　禅心もし是の如くあれば見性あにそれ遅からんや」と謳った。禅師が生まれ育ち、終生活動の地とした原は富士山の雪解け水が濾過され、こんこんと湧き出る名水の郷。白隠正宗の醸造元・高嶋酒造では13年がかりで地下150メートルの水脈を掘り当て、約300年前に降った富士の雪解け水を仕込み水に使用している。ちょうど禅師が生きておられた頃に降った雪が解けた水である。高嶋酒造は禅師が亡くなった後の創業だから、禅師はもちろん飲んではおられないが、白隠の再来と謳われた20世紀屈指の名僧・山本玄峰老師（注2）や弟子の中川宋淵老師（注3）は飲まれたであろう。お2人とも日本酒が大変お好きだったそうだ。

　昭和40年代のこと。『萬耀』（伊豆修善寺）の蔵元・万大醸造に、質素な墨染の衣姿の老僧がふらりと現れた。素足のまま蔵に入ってタンクを1本1本丁寧に清められ、「この地酒を飲む人、造る人、稲作りを含めてこれに携わる一切の人達に幸多かれ」と祈念されたという。

　感激した蔵元が、当時の辛口酒ブームの中、若干甘口の我が酒に何か浮揚策を、と相談したところ、老僧は「搾った直後の荒々しい酒質を指す〝あらばしり〟という言葉がある」

と教えてくれた。まだ一般的に馴染みのない酒造用語だったため、そのまま酒銘にすることに。蔵元も知らない専門用語をご存知だったこの老僧こそ中川宋淵老師だった。老師は東京大学大学院卒の博識者でもあった。

「酒に関わる者一切の多幸を願われた」という老師のお姿を、お釈迦様も了としてくださると信じたい。

（注2）山本玄峰老師（1866〜1961）は和歌山県本宮町出身。白隠が建立した修行専門道場・龍澤寺（三島）の住職を務めた。戦前にはアメリカでZENの布教に尽力。鈴木貫太郎首相の相談役を務め、終戦の詔勅「耐えがたきを耐え、忍びがたきを忍び」を進言し、象徴天皇制を発案した。

（注3）中川宋淵老師（1907〜1984）は山口県岩国出身。東京大学大学院在籍中に出家し、詩禅の境地を求めて俳句を数多く残す。龍澤寺に入って山本玄峰老師の弟子となり、ニューヨーク郊外に「国際山大菩薩禅堂」を建立する。

杉錦の菩提酛造り

室町時代に奈良興福寺の塔頭多聞院の僧が記した『多聞院日記』には、興福寺の末寺・正暦寺の酒造りが登場する。麹米・掛米とも精米した白米を使い、酒母は乳酸菌によって雑菌の増殖を抑える菩提酛、もろみは三段仕込み、搾りは酒と粕を分ける槽掛け、そして煮酒＝火入れ殺菌と、近代醸造法の原型が記されている。天正10年（1582）、織田信長は安土城に徳川家康を招いて大宴会を催した。このとき正暦寺の諸白酒（澄み酒）が振舞われ、絶賛された。当時は上槽しない濁酒＝どぶろくが一般的だったから、洗練された諸白酒の味にはさすがの信長・家康も舌を巻いたことだろう。現在、正暦寺には【日本清酒発祥之地】という碑が堂々と建っている。

酒造技術の集大成ともいえる吟醸酒が定着した今、その反動からか、昔ながらの低い精米、無ろ過、生酛、濁酒風等の伝統酒を復活させようという蔵が増えている。

平成26年（2014）冬から27年春にかけ『杉錦』（藤枝）では酒米・静系94号（P145参照）の60％精米で菩提酛の酒を造った。研究熱心な蔵元杜氏杉井均乃介さんは、化学メーカーから取り寄せる乳酸菌で酒母を造る現代の速醸造りに飽き足らず、乳酸を自然醗酵させるひと昔前の山廃、その前の生酛と伝統製法の再現に突き進んできた（注）。今回は最新の米で500年前の正暦寺の菩提酛酒に挑んだというわけである。

菩提酛の大きな特徴は、仕込み水に、飯米を1週間ほど水に漬けて完全に融けた状態の「そやし水」を使うということ。適量のご飯が融解することで強力な乳酸が生まれる。これに蒸した酒米と麹米を投入し、自然に入り込んだ野生酵母の働きによって約1週間で酒母が完成する。完成した菩提酛を試飲したところ、甘酸っぱいヨーグルトドリンクの味だった。昔はこれをそのまま飲んでいたそうだ。

数日後、菩提酛をベースに、添仕込み↓踊り（一日空ける）↓中仕込み↓踊り↓留仕込みという変則三段方式で、慎重にもろみを仕込んだ。そやし水を準備してからトータル28日目。吟醸酒と同じ丁寧な槽搾りで抽出された。その後加水し、3ヶ月ほど寝かせて夏場に爽快に飲む低アルコール酒として発売された。

杉井さんにはできたら、精米歩合80～90％程度の原料で、500年前に信長や家康をうならせた菩提酛の酒を復元してもらいたいと思う。

（注）酛（酒母）は、優良な酵母を純粋培養させる培地の役割を持ち、邪魔な雑菌を殺すため多量の乳酸を含んでいる。戦後は市販の乳酸を添加させて造る「速醸酛（そくじょうもと）」が主流となったが、それ以前は、蒸米・麹・水に、ツメと呼ばれる木片を混ぜ、櫂ですり潰し、タンクに移して温度をゆっくり上げ、乳酸を自然に醗酵させていた。これが「生酛（きもと）造り」。櫂ですり潰す作業は山卸（やまおろし）と呼ばれ、真冬の深夜、3～4時間おきに行う重労働だったが、明治末期、麹を水に浸しておき、そこに蒸米を加えるだけで糖化が進む水麹が開発され、山卸の代用になることも解明された。これを「山卸廃止酛＝山廃酛」といい、低温で時間をかけて乳酸醗酵させるため、微生物の複雑な動きにより、多様な香りが生成され、濃厚な酒に仕上がる。

酒蔵の守護神

私は平成27年（2015）の元旦を奈良の大神神社（おおみわじんじゃ）で迎えた。三輪山を神体山とし、祭神はモノづくりの神様・大物主神（おおものぬしのかみ）。ご神体の三輪山は、杉、ヒノキ、松、榊など40種以上の樹木にも神が宿ると信じられた。このうち清めの効果がある杉を酒造家が蔵の軒先に吊るし、酒林（杉玉）の伝統を生んだ。

『初亀』（岡部）のお膝元にある神神社（みわじんじゃ）は大神神社の分霊社。ご神体とする高草山も、その昔、三輪山と呼ばれていた。蔵元の橋本謹嗣さんは「志太のこの地が銘醸地になったのは偶然ではない」と言う。平成27年6月30日の神神社夏越大祓いでは、この日に終わる平成26酒造年度の無事完了を報告し、27酒造年度の蔵内安泰を祈願した。

橋本さんは仕込み蔵に入るとき、入口の扉頭上にある神棚に二礼二拍手をする。この神棚は名杜氏・滝上秀三さんの引退を機に平成20年（２００８）に新設し、神神社の宮司に祈祷してもらった。昭和7年築の仕込み蔵の中には、ヒノキや杉の見事な梁、一枚板などが、酒造りを支えている。

木製の酒造道具は確かに少なくなったが、酒蔵にある杉やヒノキを単なる建材ではなく、ご神体の力を宿したものとして信じる酒造家は、ある種の〈選ばれし者〉だと思う。神様から賜った米や水や微生物を、酒というかたちに組み替えて、ふたたび神様にお返しする、そんな役目を与えられた人たちではないだろうか。

酒蔵の神棚には、平成22年（２０１０）に亡くなった滝上さん、翌年に急逝した橋本さんの妻典子さんの魂が宿る。現在の杜氏と蔵人、次期蔵元の橋本康弘さんの行く末を篤く守護することだろう。

【参考文献】日本の酒5000年／加藤百一、日本醸造協会誌第109巻第9号「酒造の三位一体について～酒と神仏（信仰）と金融、三者の深い関係」／伊藤善資

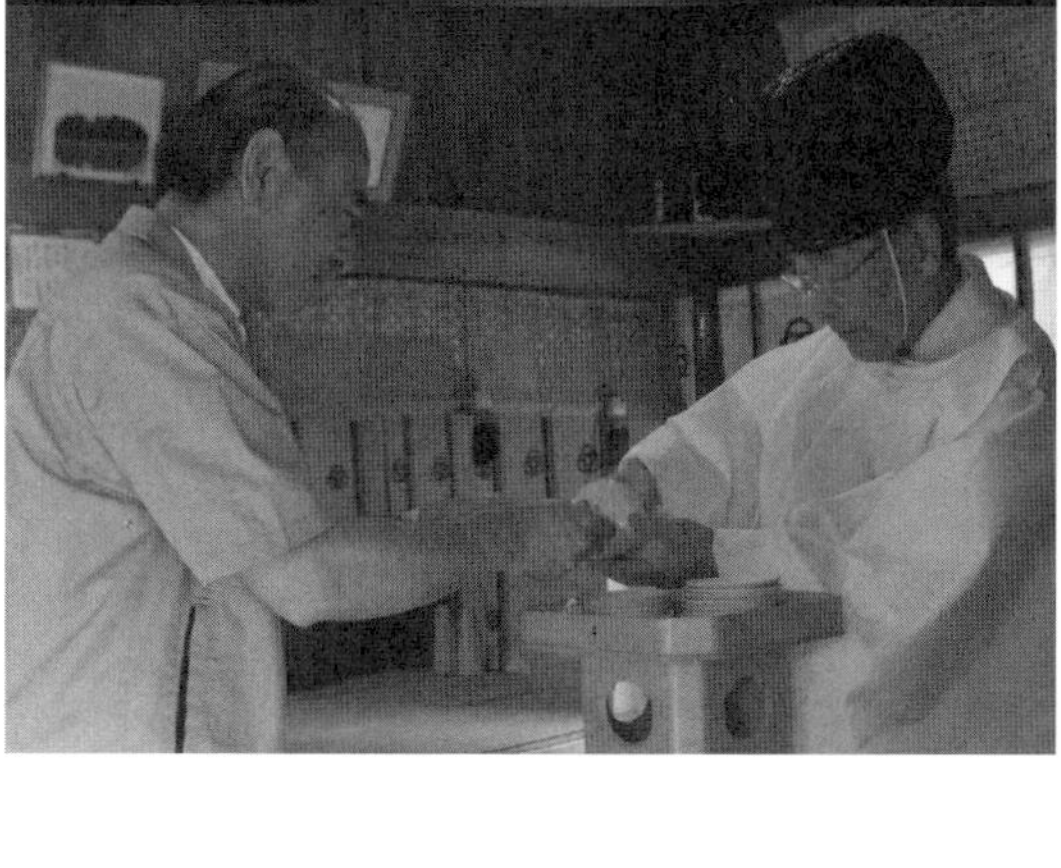

水と米――地酒を支える地域資源

富士正、富士山、喜久酔

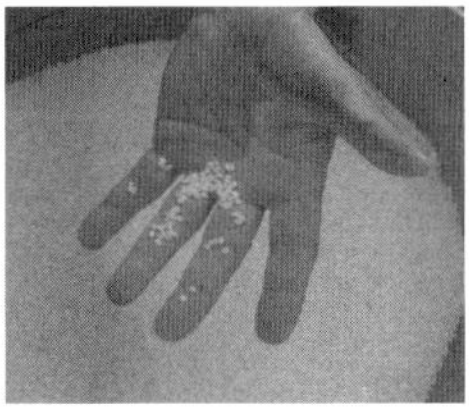

世界遺産の仕込み水

世界文化遺産に登録された富士山。お膝元の富士宮には富士山の湧水を活かした酒蔵が点在し、雪をかぶった富士山の絶景が楽しめる冬場、蔵見学のファンで賑わう。

『富士正』は市街地よりも北部の旧上野村（現・富士宮市下条）にあるが、仕込み蔵を平成23年にあさぎりフードパークに移した。蔵元の佐野由佳さんは「下条と朝霧では水がまったく違う。朝霧の水で仕込むとやわらかく、ふんわりした酒になる。下条で仕込んでいた『げんこつ』という酒はパンチの効いた〝辛口おやじ酒〟をウリにしていたのに、〝優しいパパ〟になってしまった」と苦笑い。朝霧の水を活かす新しいタイプの酒造りに挑戦している。

『富士山』『白糸』の蔵元牧野利一さんは「富士山湧水は甘みがあるから日本酒度の高い

超辛口仕様でも、実際に飲んでみると辛さを感じない」とし、特別本醸造を日本酒度＋10で出荷している。ラベルの数字だけでは判断できない複雑で奥深い酒になるようだ。

牧野酒造では平成26酒造年度からは横浜出身の渡辺規基さんが杜氏に就いた。日本酒好きが高じて酒造の道に入り、修業を続けること17年。前年まで志太泉（藤枝）でナンバー2を務め、住まいは今も藤枝。酒造りのない春〜夏は瀬戸川上流でお茶作りに従事する。都会育ちで水源の異なる地域に暮らす渡辺さんだが、牧野さんは「一次産業を兼業する職業杜氏は、感性が研ぎ澄まされている」と信頼を寄せる。

以前、しずおか地酒研究会の定例サロンで、日本酒研究家の松崎晴雄氏が「一年中なんらかの形で土や水に触れている職業杜氏は、酒に対しても、予期せぬ状況に対応する能力を持つ。意識しているか否か別にし、経験や勘、センスといったものがベースにある」と解説してくれた。四季のある国の一次産業によって培われた細やかな感性をいかに継承するか。これは案外大きな問題なのかもしれない。

「洗い」に大量の水

酒造りで使用する水の量は、一般に、使用する白米1トンあたり30〜50倍といわれる。

機械や道具を洗浄するために約5割、洗米用に約3割、残りはボイラー関係、冷却関係、原料水として使う。静岡県では河村傳兵衛氏が「洗いで始め、洗いで終われ」と徹底指導し、白米1トンあたり100倍近い水を使っている。精米した米をよく洗い、使用した酒袋や器具の汚れを完璧に落とすため、水を惜しみなく使うのだ。静岡県は河川の源流域に南アルプスや富士山があり、水質汚染のリスクが少ないといわれる。安定した水質の水が、枯渇することなくふんだんに使える土地の、ある意味、ぜいたくな酒造りである。

他県から静岡の蔵にやってきたばかりの杜氏が驚くのが吟醸造りにおける洗米作業だ。米の表面に付着しているヌカを完璧に取り除くため、とにかく大量の掛け水をする。『喜久酔』（藤枝）が県沼津工業技術センターと共同開発し、県内多くの蔵元に採用された青島式吟醸洗米機での洗米作業では、掛け流しと水切りを交互に行ない、半切り桶の水に漬けて吸水させる。桶の水はほとんど白濁せず、透明のまま。ヌカが完璧に除かれたことがよくわかる。静岡吟醸がすっきり飲みやすいのは、この洗米作業にあると実感する。

洗米中には米のカルシウムやマグネシウムの量が増え、カリウムやマンガンは減少しやすいものの、使う水が軟水であればあるほど米に残るといわれる。ちなみに酵母が必要とする3大元素がカリウム、マグネシウム、リン酸。このうち不足しがちなカリウムを補うカギが軟水だとすると、仕込み水の硬度を杜氏が掌握しておく必要がある。日本の水はおおむね軟水といわれるが、地形や環境によって硬度は微妙に異なる。「杜氏は水に慣れるのが肝要」とは、その微細な違いを感覚で理解せよ、ということだろう。

【参考文献】最新酒造読本（日本醸造協会編）、清酒製造技術研修講座第1巻（日本酒造組合中央会刊）

酒米の王者・山田錦と松下米

酒米の王者といわれる山田錦は兵庫県原産で西日本が主産地。静岡県は栽培適地ではないというのが通説だったが、平成8年（1996）、山田錦研究家の永谷正治氏（元国税庁酒類鑑定官室長・故人）が静岡県に視察に来られたとき同行させてもらい、田んぼ1枚1枚を丁寧に見れば県内でも栽培できると知った。

この年、藤枝の稲作農家松下明弘さんが山田錦の栽培を始めた。背丈の高い山田錦は、田植えの際は間隔を開け、一カ所1～2本という極少量の苗付けが望ましい。松下さんが平成8年に初めて有機無農薬栽培で作った山田錦は、永谷氏に指導されるまでもなく少量ながら太く健康的で、空に向かってまっすぐ伸びた、それは素晴らしい稲だった。稲刈りを手伝った私も、素人ながら、「稲とはこんなに強く美しいものか」と感激した。山田錦の完全有機無農薬栽培を成功させた生産者は兵庫にもおらず、自分が刈入れを手伝ったあの稲が日本で最初だったということを後で知って、感動もひとしおだった。

松下さんの山田錦＝松下米は、「酒米を作りたい」と飛び込みでやってきた彼に、「どうせなら山田錦を作ってみろ」と種子を与えて背を押した喜久酔（藤枝）が引き取った。たとえ失敗してクズ米になったとしても、社長の青島秀夫さんがポケットマネーで全量買い取るつもりだったという。今でも忘れられないが、最初の年に仕込まれた精米歩合40％の純米大吟醸を、搾り口からすくって試飲したとき、「何？この水みたいな味も素っ気もない酒…」と言葉を失った。ところが3ヶ月、6ヶ月、1年と熟成していくうちに、米の実力がじわじわ発揮され、永谷氏に「山田錦で醸した酒では最高レベル」と称賛された。山田錦の酒は春の搾りたてより、ひと夏を越して秋になると味がのってくるといわれるが、まさに定説どおりだったのである。

鑑評会に出品しないため、全国数多の山田錦の酒の中でどれだけの評価になるのか分からないが、私にとって山田錦の酒といったら、この酒が基準値になる。

静岡県の酒米・誉富士

静岡県の酒米『誉富士』は山田錦の変異系である。山田錦は稲穂の背が高く、穂先が重いため、倒れやすいという栽培上のネックがある。酒にするには最高だが、農家にとっては作りにくい。そこで県は「山田錦と同等レベルで、山田錦よりも背が低い酒米」の開発に乗り出した。平成10年（1998）、静岡県農業試験場（現・静岡県農林技術研究所）の宮田祐二氏が中心となって育種スタート。試行錯誤を繰り返し、穂丈が山田錦よりも低く、収穫量が安定した『静系（酒）88号』という新品種を選抜した（注）。平成15年（2003）より精米試験や小仕込み醸造試験を実施し、一般公募で『誉富士』と命名。県下16名の農家が試験栽培を、7蔵で試験醸造を行った。結果は良好で、現在25社が使用している。宮田氏は「山田錦以外の血は混じっていないから、醸造適正は山田錦と同等と考えていいと思う」と自信をのぞかせる。

毎年6月初めには、主産地である志太地域の酒米生産者グループ『焼津酒米研究会』が誉富士の田植えイベント、10月には稲刈り体験を行う。多くの蔵元や酒販店・飲食店オーナーが家族や従業員同伴で集まり、顔馴染みの生産者を激励する。他県生まれの山田錦や五百万石ではこうはいかないだろう。

（注）現在、静岡県農林技術研究所では誉富士の改良種として『静系（酒）94号』を育種し、各蔵で試験醸造中。研究所では『静系（酒）95号』を試験栽培中。

宮田氏は稲作の未来について「今、減農薬・減化学肥料という名目で、散布が1回で済むような高性能の農薬や肥料が使われている。稲がいつ肥料をほしがっているのか、いつ虫がつくのかを理解しないまま、作業効率だけを追い求め、たんたんとこなす生産者が増えている。日本の稲作技術は先細りしないだろうか」と危惧する。山田錦や誉富士のように手間のかかる米に挑む生産者を必要とするのは、酒蔵だけではないようだ。

吟醸酒という大いに手間のかかる酒で成功した静岡県には、挑戦者を育てる土壌があると思う。河村氏や宮田氏のようなトコトン熱い研究指導者がいて、松下さんのような開拓者もいる。静岡県の酒米づくりに日本の稲作の未来がかかっている、といったら言い過ぎだろうか。

社員杜氏――蔵で育む掌の技

花の舞、千寿、平喜、英君

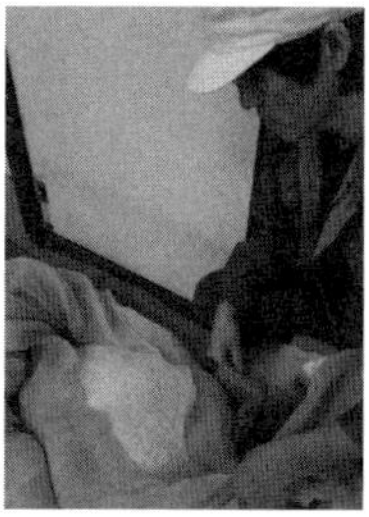

静岡県杜氏研究会を率いて

正社員の中から杜氏を育成し、抜擢する蔵元は全国的にも増えている。県内では『高砂』『英君』『平喜』『若竹』『開運』『千寿』『花の舞』『出世城』が社員杜氏で醸されている。

最も早く頭角を現したのは『花の舞』（浜松）の土田一仁さんだろう。花の舞酒造は県内最大の量産酒メーカーだが、清酒の級別制度が廃止される前に全量特定名称酒に切り替え、地元の米生産者と直接契約をするなど地の素材で品質を追求する。地元の杜氏も不可欠との判断で、製造社員の一人だった土田さんを副杜氏に抜擢した。

花の舞には枡宗清さんという広島杜氏がいた。吟醸造り先進地・広島のベテラン杜氏から吟醸造りのノウハウを得たことは大きな自信になっただろう。土田さんは平成3年（1991）、枡宗さん引退と新蔵完成という節目に杜氏職に就いた。

杜氏になったこの年から静岡県杜氏研究会（注）の会員となり、会計や事務など細かな雑務を引き受けるなど、新人らしく汗をかいた。この間、静岡県清酒鑑評会や全国新酒鑑評会で軒並み好成績を上げた。「今も忘れられないのは、ある年、県知事賞を受賞した畑福馨さん（富士錦杜氏）から、もろみ経過簿を見せてほしいと言われたこと。県でトップをとったからといって奢り高ぶることなく、あれこれ熱心に訊いて来られた。そういう先輩杜氏さんとの会話の中に、たくさんのヒントがあった」と述懐する。

平成22年（2010）、研究会名誉会長を務める山影純悦さんの「地元出身の杜氏に」との後押しで会長に就任した。蔵の仕事は現在、後輩社員の青木潤さんに託し、もっぱら渉外担当として出歩くことが増えたというが、「杜氏には純粋に技術者として向上したいという思いがつねにある」と力をこめる。

（注）静岡県の酒蔵に勤める杜氏で構成された県酒造組合傘下の技術研究会。昭和21年から活動中。以前は蔵の見学会や技術講習会を行なっていたが、現在は春2月に役員会、3月、静岡県清酒鑑評会の1週間前に自醸会を開催し、各人が持ち寄った酒を専門家に審査してもらう。

新潟杜氏の系譜

静岡県杜氏研究会の歴代会長に『千寿』（磐田）に勤めた２人の新潟杜氏がいた。中村守さんと高綱孝さんである。

私が初めて千寿酒造を訪ねた平成９年（１９９７）時、中村さんは79歳。杜氏職を託した高綱さんを顧問の立場で支えておられた。高綱さんはこのとき61歳。新潟杜氏はこの世代で終焉を迎えると聞いたが、社員の鈴木繁希さんが後継者に抜擢された。東京農業大学醸造学科を卒業し、昭和61年（１９８６）に新卒入社した製造社員である。

焼酎や料理酒の生産量が増えたが、千寿といえば新潟流と静岡流が融合したような淡麗辛口の吟醸酒が特徴。これに、平成26酒造年度から山廃純米酒が加わった。出品用大吟醸の上槽は、最も手間のかかる袋吊るし搾り。制約の多い醸造環境でも、鈴木さんは許される限りの手わざを投入し、新潟杜氏の系譜を守っている。

千寿酒造は平成４年（１９９２）頃から地元産の米を主力に使っている。五百万石は地元の太田農場で育てた特別栽培米を使用。新潟原産の五百万石に、歴代新潟杜氏が格別の思いを掛けていたことも大きかった。平成14年（２００２）には、浜松ホトニクスと共同で、半導体レーザー（ＬＤ）と青色ＬＥＤ搭載の植物工場で75日生育の山田錦を使用し、

『光の誉』という酒を試験醸造した。別の取材で浜松ホトニクス中央研究所を訪ねたとき、原勉所長からこのプロジェクトのことをうかがって「ぜひ飲んでみたい」と熱望したが、残念ながら在庫はゼロ。なんでも1升瓶あたり30万円とべらぼうなコストがかかり、試験醸造は1回で終わってしまったそうだ。

酒造業を支える職人の育成と米作り。どちらも一朝一夕にはいかず、ひたすら手間がかかるものだ。企業を継続させるため、合理化をせざるを得ない部分もあるだろうが、鈴木さんには杜氏の系譜を絶やさないでほしいと思う。

静岡県で一番新しい酒蔵

新潟流儀を社員杜氏が継ぐ蔵が静岡市にもある。平成24年（2012）に開業した『喜平』である。蔵元は、「お酒の平喜グループ」として知られる酒造・酒卸・食品卸会社。明治初期、掛川で創業し、3代目重一郎が第六高等学校（現・岡山大学）に進学した縁で岡山人脈を活かし、岡山県鴨方町（現・浅口市）に醸造場を開いた。現在、『新婚』『喜平』『将軍』で知られる平喜酒造は、岡山県随一の規模を誇る四季醸造の蔵。新設の静岡蔵は高品質酒の研究開発醸場と位置づけ、オール純米酒でスタートした。

杜氏は、岡山蔵に長年勤める新潟杜氏に鍛えられた大卒社員の久谷裕良さんが抜擢された。岡山出身で新潟流を学んできた久谷さんにとって、静岡酵母も誉富士も初めての素材。静岡県杜氏研究会の会合で、正雪の山影純悦さん、若竹の日比野哲さん等からアドバイスをもらい、試行錯誤を繰り返した。

戸塚敦雄社長は「岡山で造る酒は全国市場対象で、生酒での出荷が難しい。その点、静岡蔵は販路を限定しているので、生酒を冷蔵出荷できる強みがある。面白い酒が出来るし、年々進化している」と期待を寄せる。工場で生産される画一化された味では決して表現できない、杜氏の手わざの粋を伝える地酒本来の使命を、静岡県で一番新しい蔵が果たそうとしている。これも吟醸王国たる所以だろう。

酒造の「いろは」

静岡には、染色家で人間国宝の芹沢銈介氏がデザインしたラベルの酒がある。『英君』（由比）の大吟醸「いろは」。芹沢氏が遠戚にあたる『英君』（由比）に、初めて全国で金賞を受賞したときの祝いに贈ったものだという。

蔵元の望月裕祐さんは昭和39年（1964）生まれ。大手菓子メーカーで製品開発を手掛けた経験を持ち、取引先の酒販店や飲食店が主催する試飲会にこまめに顔を出し、飲み手の声に真摯に耳を傾ける。望月さんを支えるのは社員杜氏の粒来保彦さんと経験豊富な副杜氏榛葉武さんだ。粒来さんは昭和38年（1963）岩手県生まれ。といっても南部杜氏ではなく、岩手でサラリーマン生活を送った後、脱サラしてこの道に。英君に長く勤めた南部杜氏古川靖憲さんのもとで20年修業し、平成23酒造年度から杜氏職を引き継いだ。榛葉さんは昭和44年（1969）生まれ。開運（掛川）の杜氏榛葉農さんの実兄にあたる。

古川杜氏の頃、英君では県外生まれの濃厚な香りを放つ酵母を使用した時期があった。全国新酒鑑評会で入賞するための常套手段だったが、望月さんは「酒場でおかわりできる酒ではない」と判断し、平成18年の全国金賞を区切りに静岡酵母一本でいこうと決めた。同世代の杜氏と副杜氏が、蔵元の決断を支えた。

平成27年（2015）5月の全国新酒鑑評会で試飲した英君は、静岡酵母らしい香りと余韻をきちんと表現していた。入賞は逃したが、間違いなくおかわりできる酒だった。

蔵元と杜氏が歩みをそろえ、静岡らしい酒質の向上に汗を流す――30余年前に吟醸王国建設に臨んだ先達の「いろは」を、彼らはしっかり受け継いでいる。時代を共有する我らも、次の世代の飲み手に静岡の酒の味をしっかり伝えていかねば、と思う。

右上／高綱孝さん（千寿前杜氏）
左上／鈴木繁希さん（千寿現杜氏）
下／英君の粒来保彦さん（右）と榛葉武さん

静岡県の酒蔵INDEX

「萬燿(ばんよう)」「あらばしり」万大醸造合資会社

修善寺から中伊豆に向かう途中、天城山の山裾の里にある蔵元。「萬燿(ばんよう)」「あらばしり」の名で伊豆の観光旅館や土産物店を中心に親しまれている。平成5年には日本で初めて黒米を原料にした四段仕込みの酒「目ざめても夢の中」を発売し、旅館や料亭では食前酒として人気を集める。

伊豆市年川34　TEL.0558-72-0050　FAX.0558-72-9550

「金明(きんめい)」株式会社根上酒造店

明治初期に創業し、現在では御殿場唯一の酒蔵となった。富士山麓の高原清涼の地で、地下80mから湧き出る水と、北陸や東北の米どころと環境が近い北駿産の酒米を原料に、社長の根上陽一さん自らが醸す。一貫して旨みやコクを感じさせる個性的な酒。

御殿場市保土沢字塚倉850-4　TEL.0550-89-3555　FAX.0550-89-7588

「白隠正宗」高嶋酒造株式会社

文化元年(1804年)創業。富士山と並んで「駿河に過ぎたるもの」と謳われた名僧・白隠禅師ゆかりの地で酒を造り続け、明治17年には山岡鉄舟が「白隠正宗」と命名。昭和33年に法人化。JR原駅に近い旧東海道沿いにあり、酒蔵の伝統を伝えるナマコ壁の建物が今も残る。蔵に併設された水汲み場は名水スポットとして市民に愛される。

沼津市原354-1　TEL.055-966-0018　FAX.055-966-8324
ホームページ/http://www.hakuinmasamune.com/

「高砂」富士高砂酒造株式会社

富士山本宮浅間大社にほど近い幹線道路沿いに、趣きのあるたたずまいを残す酒蔵。1830年に創業して以来、一貫して能登杜氏による能登流酒造りを伝承する。県内ではめずらしく、山廃仕込みや貴醸酒といった手間のかかる古典的な酒造りを定番化する一方、静岡県が開発した新型の静岡酵母や一段仕込をいち早く取り入れるなど新しい酒質探求にも尽力。

富士宮市宝町9-25　TEL.0544-27-2008　FAX.0544-23-1752
ホームページ/http://www.fuji-takasago.com/

「富士山」「白糸」牧野酒造合資会社

寛保3年(1743)創業。霊峰富士と名勝白糸の滝のお膝下で、悠久の自然によって醸成された伏流水を存分に使った風味豊かな銘酒をつくり出している。販売先は9割が地元。その名もずばり「富士山」「白糸」「富士の巻狩り」などご当地ゆかりの銘柄がそろい、地元の愛飲家は元より、ギフトや観光みやげ等に喜ばれている。

富士宮市下条1037　TEL.0544-58-1188　FAX.0544-58-5778
ホームページ/http://makino-shuzo.com/

「富士正（ふじまさ）」富士正酒造合資会社あさぎり蔵

慶応2年創業。「千代乃峯」「富士正」の酒銘で親しまれる。アルコール添加全盛時代に純米酒を復活させたり、淡麗型全盛期に父親世代の晩酌酒をイメージした超辛口酒を出したりと、差別化を意識した明快な酒質をモットーとする。あさぎりフードパーク内に移転し、直売所と仕込み見学コースを併設した体験型酒蔵に生まれ変わった。

富士宮市根原450-1 あさぎりフードパーク内　TEL.0544-52-0313　FAX.0544-52-0314
ホームページ／http://www.fujimasa-sake.com/

「富士錦」富士錦酒造株式会社

現社長の清信一さんで18代目という県内屈指の伝統を誇る。仕込水には富士山の湧き水を使用。静岡酵母との相性の良さで、柔らかく爽やかな香りと飲み口が楽しめる。長年、地域の発展に尽力し、1995年から始めた「蔵開き」では、新酒がそろう春3月、旧芝川町の人口を軽く超える一万人超の人々がやってくる。

富士宮市上柚野532　TEL.0544-66-0005　FAX.0544-66-0076
ホームページ／http://www.fujinishiki.com/

「英君（えいくん）」英君酒造株式会社

由比川を上った静かな山間にある伝統蔵。明治14年創業。先代の望月英之介さんは酒の原料である米・水・米麹の品質向上に真正面から取り組み、自家精米、湧水ろ過装置 の考案、吟醸麹ロボットの開発などを次々と手がける。染色家で人間国宝の芹沢銈介氏が描いた「いろは」ラベルの大吟醸、十年熟成酒「KOHAKU」など呑み心をかきたてられる商品もそろう。

静岡市清水区由比入山2152　TEL.054-375-2181　FAX.054-375-4304
ホームページ／http://eikun.fc2web.com/

「正雪（しょうせつ）」株式会社神沢川酒造場

由比正雪にちなんだ酒銘でおなじみ、街道の宿場町風まちなみづくりが進む由比の旧東海道沿いにある銘醸。名杜氏の誉れ高い南部杜氏・山影純悦さんの技と、蔵元望月一家の家族的な和があみ出す酒は、シャープさと柔和さを兼ね備えた粋な味。首都圏にも多くのファンを持つ。

静岡市清水区由比181　TEL.054-375-2033　フリーダイヤル 0120-203-339　FAX.054-375-2133

「臥龍梅（がりゅうばい）」三和酒造株式会社

母体である旧「鶯宿梅」の蔵元・鈴木家は貞享年間の1686年に創業。昭和46年、当時の清水市内2蔵とともに『三和酒造』を設立し、県民から公募して命名された「静ごころ」や「羽衣の舞」等で人気を博す。平成14年、首都圏向けに先行発売した「臥龍梅」が大ヒット。現在、主力商品となる。酒銘は地元の名刹清見寺の梅の銘木にちなんだ。

静岡市清水区西久保501-10　TEL.054-366-0839　FAX.054-366-0380
ホームページ／http://www.garyubai.com/

「君盃」君盃酒造株式会社

明治初め、当時、静岡市駿河区小坂にあった満寿一酒造（現・静岡市葵区山崎）から枝分かれし、昭和初期に現在の静岡市駿河区手越に移転。「駿河正宗」の酒銘で市民に親しまれた。戦時中は市内18の蔵元とともに静岡共同醸造組合に統合され、昭和25年復活。このときから、唐代の詩人王維の送別の情を歌った詩にちなんだ酒銘「君盃」を使用する。蔵元市川誠司さん英俊さん父子が醸し、静岡市内の酒店だけで売る地元密着の酒。

静岡市駿河区手越302　TEL.054-259-3062　FAX.054-256-3062

「萩錦」萩錦酒造株式会社

明治9年の創業。静岡市民にとっては大浜プールへ続く街道沿いの湧き水どころとしてお馴染み。「ハギニシキ」は昭和の日常酒として愛された。平成元年まで志太杜氏の田中政治さんが勤め、その後、南部杜氏（岩手）に替わり、現在は小田島健次さん勤める。専務の萩原吉隆さん、造りを補佐する妻郁子さんが杜氏と二人三脚で酒造の灯を守り続ける。

静岡市駿河区西脇381　TEL.054-285-2371　FAX.054-287-7569

「天虹（てんこう）」株式会社駿河酒造場

平成22年（2010）創業。静岡市の「忠正」、掛川の「曽我鶴」を継承し、蔵元萩原吉宗さんの亡父が戦前に構えようと予定していた地で夢を適えた。伝統のブランドを継承しつつ、新しい酒造の歴史を刻む。主な銘柄は天虹、萩の蔵、忠正、忠兵衛、海舟、安倍街道、曽我鶴、掛川城、一豊。

静岡市駿河区西脇25-1　TEL.054-288-0003　FAX.054-288-0005

「喜平（きへい）」静岡平喜酒造株式会社

掛川で創業したお酒の平喜グループ（㈱平喜／静岡の酒食品卸売業、平喜酒造㈱／岡山の日本酒製造業、㈱平喜屋／東京の業務用酒卸売業）の新会社として平成24年（2012）設立。四季醸造の岡山とは別に、静岡酵母や誉富士等、静岡の地域資源を活かした純米酒の醸造を始めた。

静岡市駿河区丸子新田1-1　TEL.054-259-0758　FAX.054-258-4669
ホームページ／http://www.sakehiraki.com

「磯自慢」酒友 磯自慢酒造株式会社

天保元年（1830）創業、明治初年に酒造専業となり現当主寺岡洋司さんで8代目。北海道洞爺湖サミットの晩餐会乾杯酒、インターナショナル・ワイン・チャレンジ「SAKE部門」でのGOLDメダル受賞等、国内外で高い評価を得る日本を代表する銘醸。販売先を地元志太地区の特約店、それ以外の県中部・東部・県外で30店弱に限定した小規模の造りで高い酒質を保持する。

焼津市鰯ケ島307　TEL.054-628-2204　FAX.054-629-7129
ホームページ／http://www.isojiman-sake.jp/

「初亀」初亀醸造株式会社

藤枝市岡部町の旧東海道沿いにある銘醸。前身・足名屋が寛永12年（1635）に現在の静岡市葵区中町付近で造り酒屋を始め、明治初年に分家した橋本富蔵氏が岡部で創業。3代目富蔵氏は旧・岡部町長を務め、地域の発展に尽くした。昭和42年には静岡県、名古屋国税局、全国新酒鑑評会ですべて首位賞を獲得。以来、金賞常連蔵として全国に知られるようになる。現在はレギュラー商品の高品質化にも努める。

藤枝市岡部町岡部744　TEL.054-667-2222　FAX.054-667-3170

「杉錦」杉井酒造

天保13年（1842）、初代杉井才助が、湧水に恵まれた高洲村（現・藤枝市小石川町）・常泉寺の隣地で創業。酒銘は明治～大正にかけて「亀川」「杉正宗」、昭和に入って「杉錦」となる。志太地区の酒の中ではやや中硬水タイプの水質を生かした旨味のある酒として親しまれ、芋焼酎、米焼酎、本みりんの製造も手がける。地元農産物を日本酒や焼酎にしてほしいという依頼も多く、ユニークなご当地酒が次々と誕生している。

藤枝市小石川町4-6-4　TEL.054-641-0606　FAX.054-644-2447
ホームページ／http://suginishiki.com/

「志太泉」株式会社志太泉酒造

藤枝市街から瀬戸川沿いに6kmほど北上したのどかな山里にある。明治15年創業。創業者が地元志太で、太い志をもって泉のように湧き立つ酒を造ろうと「志太泉」を命名した。戦前は「三五の月」「ラヂオ正宗」「ミクニワイン」といった銘柄も販売していた。市街より1～2℃低いという平均気温、自家井戸から絶え間なく湧き出る南アルプス水源の瀬戸川伏流水など地理的財産にも恵まれている。

藤枝市宮原423-22-1　TEL.054-639-0010　FAX.054-644-0777
ホームページ／http://shidaizumi.com

「喜久酔（きくよい）」青島酒造株式会社

島田市との市境に近い藤枝市上青島、旧東海道沿いで江戸中期に創業し、明治初年に正式に酒造免許を取得。酒銘は当初「菊水」だったが、他蔵との混同を避け、同じ響きで縁起のよい喜久酔とし、後に呼び名も「キクヨイ」と改めた。さわやかな香味とキレのよい喉越し、飲み飽きしない静岡酵母の酒の典型とされる。

藤枝市上青島246　TEL.054-641-5533　FAX.054-644-3156

「若竹」株式会社大村屋酒造場

東海道島田宿で天保3年（1832）に創業。「大村屋」の屋号は、創業者が焼津の大村で醤油醸造業に生まれ、分家して島田で油屋を開業し、財をなして酒造業を始めたことに由来する。代表銘柄の「若竹鬼ころし」「おんな泣かせ」は島田の名産に謳われる人気の地酒。他にご当地ブランドや季節限定商品など豊富なラインアップを揃える。

島田市本通1-1-8　TEL.0547-37-3058　FAX.0547-37-7576
ホームページ／http://www.oomuraya.jp

「小夜衣（さよごろも）」森本酒造合資会社

明治初期に菊川市神尾村で創業し、大正13年に菊川駅前の現在地に移転。戦時中も統合整備を拒否し、単独で菊川の酒造の灯を守り続けた。現在の森本均社長で5代目。酒質を見極める眼の確かさには定評があり、酒販店主から厚い信頼が寄せられる。平成12年（2000）から社長自らが杜氏となって酒造りの陣頭に立つ「自醸蔵」となり、ますます注目を集めている。

菊川市堀之内1477　TEL.0537-35-2067　FAX.0537-35-1384

「開運」株式会社土井酒造場

明治5年創業。掛川市小貫の名主・土井弥市が16歳の若さで酒造業を始め、2代目弥源治、3代目弥太郎と伝統を継承。4代目土井清幌さんが能登杜氏四天王の一人波瀬正吉さんとともに全国屈指の銘醸に育て上げ、5代目弥市さんと社員杜氏榛葉農さんが受け継ぐ。蔵から2キロ南の高天神城跡（国史跡）から湧き出る名水を使った品格あふれる酒質が魅力。

掛川市小貫633　TEL.0537-74-2006　FAX.0537-74-4077
ホームページ／http://kaiunsake.com

「葵天下」山中酒造合資会社

遠州横須賀の城下町街道に残る風情あふれる酒蔵。当主山中家は近江商人出身で文政年間に旧天間村（富士宮市）で酒造業を創業。富士周辺に4醸、遠州横須賀で1醸、醸造場をかまえ、昭和4年に独立創業。多くの名杜氏を輩出する「出世蔵」で知られるようになった。平成11年から自醸蔵となり、今は蔵元杜氏山中久典さんが一人で醸す。

掛川市横須賀61　TEL.0537-48-2012　FAX.0537-48-6312
ホームページ／http://www5a.biglobe.ne.jp/~yamanaka/

「國香（こっこう）」國香酒造株式会社

袋井市北西部、旧・豊岡村との境に近い田園にあるのどかな蔵。当主松尾家は安土桃山時代から続く旧家で、酒造創業期は不明だが、清水次郎長一家の森の石松が愛飲した逸話なども残っている。平成4年（1992）から杜氏や蔵人を雇わず、蔵元の松尾晃一さんが酒造りを行う自醸蔵になった。蔵元杜氏の先駆者、静岡吟醸の体現者として幅広いファンを持つ。

袋井市山田537　TEL.0538-48-6405　FAX.0538-48-6428

「千寿」千寿酒造株式会社

明治35年の創業。「酒造りの原点は、手造りの吟醸酒にあり」という考えのもと、米の不足していた終戦直後も途切れることなく吟醸酒を造り続ける。酒銘は源平時代、当代一の舞姫と言われた「千寿」が地元磐田に残した純粋で一途な恋物語にちなんだもの。焼酎、調味料等幅広い商品ラインナップを持つ。

磐田市中泉2914-6　TEL.0538-32-7341　FAX.0538-32-7344
ホームページ／http://www.e-senju.co.jp

「出世城」天神蔵 浜松酒造株式会社

明治4年創業。当主中村家は旧天神村村長や浜松市長を輩出した旧家で、現・中村保雄社長は15代目。昭和40年代、浜松市内に11あった蔵元が次々に廃業する中で、酒造の灯を守ろうと、徳川家康の"出世城"と称されるご当地浜松城にちなんだ酒銘に。平成10年(1998)にリニューアルした蔵は「天神蔵」として一般開放し、まちの文化発信拠点として市民に親しまれている。杜氏は南部流儀を伝える社員杜氏増井美和さん。県内唯一の女性杜氏だ。

浜松市中区天神町3-57　TEL.053-540-2082　FAX.053-540-4189
ホームページ／http://www.hamamatsushuzo.com

「花の舞」花の舞酒造株式会社

県内で最大規模を誇る酒蔵。地元の米、地元の水、地元の杜氏、そして地元消費と地酒の本道に徹底した経営で、静岡県民にもっとも親しまれる銘柄に成長した。創業は元治元年(1864)。東に天竜川、西に三方原台地、北に赤石山系を望む酒造適地にあり、酒銘は天竜川水系に古代より伝承される奉納踊りにちなんで命名された。酒蔵は事前予約すれば、いつでも見学できる。

浜松市浜北区宮口632　TEL.053-582-2121　FAX.053-589-0122
ホームページ／http://www.hananomai.co.jp/

<参考>静岡新聞社ポータルサイト「アットエス」しずおか蔵元ウォッチ
(バックナンバーコンテンツ)／鈴木真弓

おわりに

ある料理人から「店に飲みに来た客に、この酒を造っている人はね…って話して聴かせ、会話が弾む、そんな物語を書いてほしい」と注文されたことがありました。よく知られていない銘柄、知られすぎている銘柄にも、産みの苦しみがあり喜びがあります。「酒の味とは、造る人自身」だと確信できるまで取材を重ね、自分自身がそこまでに至らなかった造り手は割愛させていただきました。県内全蔵元・全杜氏を等しく紹介できなかったことを、まずはお詫び申し上げます。

発行にあたり、静岡新聞社出版部の石垣詩野さんに感謝申し上げます。彼女のしなやかな感性と酒への好奇心が今までにない地酒本を生み出してくれました。フォトグラファー山口嘉宏さんは世界中を飛び回り地球の裏側の街の路地裏・酒場・子どもたちの写真を撮り続ける映像作家。佐野真弓さんは駆け出しライター時代からの30年近い“戦友”。3人の〈チーム地酒満杯〉と、取材にご協力いただきました皆様、とりわけ故人となられた蔵元・杜氏ならびにご家族の皆様に深謝申し上げます。

鈴木真弓

鈴木真弓（すずきまゆみ）／ライター、しずおか地酒研究会主宰

1962年静岡市（旧清水）生まれ。静岡の食・文化・産業・歴史等をフィールドに執筆活動中。『静岡アウトドアガイド連載・静岡の地酒を楽しむ（フィールドノート社）』『毎日新聞連載・しずおか酒と人』等で県内全酒蔵を取材・紹介する。静岡市葵区在住。
1995年、静岡市南部図書館食文化講座「静岡の酒を語る」のプロデュースをきっかけに、96年『しずおか地酒研究会』を設立。会員110名で活動中。2007年、映像作品『朝鮮通信使－駿府発二十一世紀の使行録』（静岡市製作）での脚本執筆と制作経験を活かし、静岡の酒の映像化に着手（制作中）。ブログ『杯が乾くまで』更新中。

著書・共著／学研ストライカー特別号「サッカー王国静岡」（学研1994年）、同「THE日本代表」（学研1995年）、志太の伝統産業②伝統の技（志太ふるさと文庫1997年）、地酒をもう一杯（静岡新聞社1998年）、花とご利益の寺社めぐり（静岡新聞社1999年）、静岡県総合情報誌「MYしずおか」「ふじのくに」（静岡県広報室1999年～2013年）、ツウがあかす寄り道酒場（静岡新聞社2005年）、かみかわ陽子流視点を変えると見えてくる（静岡新聞社2013年）他。

杯が満ちるまで　しずおか地酒手習い帳
2015年10月23日　初版第1刷発行
2015年12月1日　初版第2刷発行
著者　鈴木真弓
写真　山口嘉宏　佐野真弓　鈴木真弓
装丁・イラスト　塚田雄太
デザイン　n-design 西村春人
発行者　大石剛
発行所　静岡新聞社
〒422-8033　静岡市駿河区登呂3-1-1
印刷・製本　図書印刷
●乱丁・落丁本はお取り替えいたします
●定価はカバーに表示してあります

ISBN978-4-7838-0775-9
C0076